安装工程 BIM 计量计价

主　编　张宇本　罗晓峰　石旻飞
副主编　陈永高
参　编　王延翠　邬海燕　张艳丹

北京理工大学出版社
BEIJING INSTITUTE OF TECHNOLOGY PRESS

内 容 提 要

本书以解决实际工程任务为主线，从软件计量计价实际操作应用的需求出发，详细介绍了广联达BIM安装计量计价软件中创建模型算量和套价计价的过程与应用技巧，包括工程设置、图纸导入、分割、定位及各种构件模型的建立和算量，最后利用算量结果进行套价、组价、出报表等。全书分为两个模块，共6个项目，模块一为安装工程BIM计量，主要内容包括项目准备、电气照明工程BIM建模算量、消防电气系统BIM建模算量、生活给水排水工程BIM建模算量、消防工程BIM建模算量；模块二为安装工程BIM计价。本书配套图纸、练习案例图纸和视频等，均可通过扫描相应位置的二维码获取。

本书主要供建筑类相关专业安装工程识图、安装工程计量计价及安装工程BIM造价软件应用等课程学习使用，可作为高等学校土木建筑大类房屋建筑工程相关专业的教材，也可作为建设单位、施工单位、设计及监理单位工程造价人员的参考资料。

图书在版编目（CIP）数据

安装工程BIM计量计价 / 张宇本，罗晓峰，石旻飞主编 .-- 北京：北京理工大学出版社，2025.1.
ISBN 978-7-5763-4819-4

Ⅰ. TU723.3-39

中国国家版本馆CIP数据核字第2025P2J951号

责任编辑：钟　博		**文案编辑**：钟　博	
责任校对：刘亚男		**责任印制**：王美丽	

出版发行 / 北京理工大学出版社有限责任公司

社　　址 / 北京市丰台区四合庄路6号

邮　　编 / 100070

电　　话 / （010）68914026（教材售后服务热线）

　　　　　　（010）63726648（课件资源服务热线）

网　　址 / http：//www.bitpress.com.cn

版 印 次 / 2025年1月第1版第1次印刷

印　　刷 / 天津旭非印刷有限公司

开　　本 / 787 mm×1092 mm　1/16

印　　张 / 13.5

字　　数 / 310千字

定　　价 / 78.00元

BIM 技术的出现带来了建筑行业产品生产和管理方式的重大变革，从设计、预算到施工实现了全过程可视化，各专业协调，三维动态可操作、可控制，与此同时也带来了建筑行业高校人才培养方式和教学方法的变革。本书是实现人才培养和成长必不可少的智力资源，必须紧跟行业最新发展步伐，融入行业最新技术和理念，尽快实现从学校人才培养到企业实际人才需求的转变。

BIM 技术出现后，传统的二维图纸手工算量模式由于其纯粹平面识图分析操作的不足，已经无法满足造价行业实际需求。造价从业人员借助 BIM 技术进行工程模型的建立，可以实时进行三维、动态和全过程计量计价，BIM 技术同时可以对预算过程进行集成化、指令化、模块化操作，使预算工作更加高效快捷。

本书采用国标工程量清单计价方法，以《通用安装工程工程量计算规范》（GB 50856—2013）、《建设工程工程量清单计价规范》（GB 50500—2013）和《浙江省安装工程预算定额（2018 版）》等规范为依据，利用市场主流最新 BIM 计量计价软件进行安装工程计量计价，全程以完整的实际案例为载体进行讲解，同时，结合工程造价专业预算岗位考证要求进行编制。

本书特色鲜明，理论与实践相结合，配套资源丰富、获取便捷、内容细致全面，既是一本操作手册，同时有技巧理论的分析和总结，强操作性、细节性和应用性是其鲜明特色。

本书共分为两个模块。在模块一安装工程 BIM 计量中，项目一简明扼要地介绍了当前安装工程预算主流方法，即定额工程量清单计价方法和国标工程量清单计价方法的内容、程序与步骤，BIM 技术在安装工程预算中应用的基本方法和发展趋势；项目二～项目五主要基于工程案例详细介绍了 BIM 安装计量软件中电气照明工程、生活给水排水工程及消防工程的安装计量过程、方法和技巧等，包含工程项目的建立、CAD 图纸管理、对应专业设备设施、管线等实体构件模型的建立，各种菜单命令的操作方法，构件属性的编辑，工程量报表的设置和出量等。模块二安装工程 BIM 计价主要介绍了在计价平台软件中如何进行项目创建，分部分项工程量清单项目、措施项目、其他项目等预算书内容的设置、换算、组价、价格调整及报表的编辑输出等。

本书由浙江工业职业技术学院张宇本、罗晓峰、石旻飞担任主编，浙江工业职业技术学院王延翠、嘉兴南洋职业技术学院邹海燕、浙江工业职业技术学院陈永高、广联达科技股份有限公司张艳丹等教师和企业技术骨干参与了本书的编写工作。

由于编者水平有限，书中难免存在疏漏和不妥之处，恳请广大读者批评指正，以使本书不断完善。

编 者

目录

CONTENTS

模块二　安装工程BIM计价

模块一　安装工程 BIM 计量

项目一　项目准备

📁 项目介绍

　　安装工程 BIM 计量是借助 BIM 技术完成安装工程算量全过程，但是 BIM 技术只是辅助预算人员完成必要的工作过程，工程造价人员需要从专业的角度理解安装工程预算的程序和方法。理解 BIM 技术的具体应用方法和发展趋势等知识，能够更好地完成安装预算任务和确定职业发展方向。

💡 知识目标

　　（1）理解掌握安装工程两种工程量清单计价方法的操作过程和内容；理解安装工程预算 BIM 相关概念。
　　（2）了解 BIM 技术在安装工程预算中的应用方法和发展趋势。

⚙ 技能目标

　　（1）能把安装预算 BIM 概念和理念融入安装工程预算过程。
　　（2）能应用两种安装工程量清单计价方法进行安装工程计量计价。

📝 素质目标

　　（1）具有认真负责的工作态度，严格按规范标准要求进行预算工作。
　　（2）具有规则意识，从专业的角度，按工程项目要求保质保量地完成预算工作。
　　（3）掌握一定的沟通艺术和技巧，在交流过程中有理有据，以理服人，让人有种如沐春风的感觉。

💎 案例引入

　　万丈高楼平地起，所有的高楼大厦都必须有坚固的基础和合理的骨架才能屹立不倒，同样的道理也适用于预算工作。本项目直击安装工程BIM预算的整体架构和底层逻辑关系，从而为后期项目任务的顺利完成做好准备工作。

任务一　安装工程预算基本方法

 **任务描述**

整体理解掌握两种安装工程预算方法的过程和内容，正确说出两种预算方法的区别和联系。

 **任务分析**

项目实施前要准备好《浙江省通用安装工程预算定额（2018版）》《浙江省建设工程计价依据（2018版）》交底资料、最新取费定额、《通用安装工程工程量计算规范（2013版）》等预算文件和规范等资料，并进行深入阅读和理解。

任务目标

为了更好地完成任务，应该对两种预算方法的单价组成内容、组价方法、项目编码、项目内容及特征的描述进行理解、掌握和熟练应用。

任务实施

安装工程预算的对象是符合设计和规范要求的各种设备设施的安装过程与内容，包括各种原材料、成品、半成品的加工安装过程。专业上可分为电气设备安装工程，给水排水、采暖、燃气工程，机械设备安装工程等。每个专业在安装预算上都是一个单位工程，预算书的整理通常可以按专业进行划分。

安装工程预算的任务就是按预算书的规范要求，通过科学合理的方法编制出一套反映预算对象各种资源消耗量和所需货币的技术经济文件。其主要包括编制招标控制价、投标预算和竣工结算等计价文件。不同预算书的编制方法和步骤基本相同，这里以投标报价阶段预算书的编制为例。

目前主要有定额工程量清单计价方法和国标工程量清单计价方法两种方法。

一、安装工程预算定额工程量清单计价方法

定额工程量清单计价方法是指根据设计图纸、定额等资料计算定额分部分项工程工程量和技术措施项目工程量，再根据定额项目基价和相关费率计算出对应项目综合单价，从而得出分部分项工程项目费汇总和计算措施项目费汇总，再按计价文件规定计算出组织措施项目费、其他项目费规费、税金等费用，最后汇总得到安装工程总价的一种计价方法。

定额工程量清单计价方法步骤如下。

（1）收集、熟悉施工图纸、套价、取费定额及有关资料。

（2）了解施工方案，并进行现场踏勘，计算分部分项工程量、技术措施项目工程量。

（3）套定额计算分部分项工程费、技术措施项目费，分别汇总计算出分部分项工程费和计算措施项目费。

（4）计算其他各项费用。

（5）汇总各项费用，计算出工程总价。

定额工程量计价方法程序见表1-1。

表1-1　定额工程量清单计价方法程序

序号	费用项目			计算方法
一	定额分部分项工程费			∑（定额分部分项工程量 × 综合单价）
	其中	1. 人工费 + 机械费		∑定额分部分项工程（人工费 + 机械费）
二	措施项目费			∑［（一）+（二）］
	（一）技术措施项目费			∑（定额技术措施项目工程量 × 综合单价）
	其中：2. 人工费 + 机械费			∑定额技术措施项目（人工费 + 机械费）
	（二）组织措施费	其中	1. 安全文明施工费	（1+2）× 费率
			2. 临时设施费	
			3. 冬雨期施工增加费	
			4. 提前竣工增加费	
			5. 夜间施工增加费	
			6. 二次搬运费	
			7. 已完工程及设备保护费	
			8. 其他施工组织措施费	按相关规定进行计算
三	其他项目费			（一）+（二）+（三）+（四）
	（三）暂列金额			9+10+11
	其中		9. 标准化工地暂列金额	（1+2）× 费率
			10. 优质工程暂列金额	除暂列金额外税前工程造价 × 费率
			11. 其他暂列金额	除暂列金额外税前工程造价 × 估算比例
	（四）暂估价			12+13
	其中		12. 专业工程暂估价	按各专业工程的除税金外全费用暂估金额综合进行计算
			13. 专项措施暂估价	按各专业措施的除税金外全费用暂估金额综合进行计算
	（五）计日工			∑计日工（暂估数量 × 综合单价）
	（六）总承包服务费			14+15
	其中		14. 专业发包工程管理费	∑专业发包工程（暂估金额 × 费率）
			15. 甲供材料设备保管费	甲供材料暂估金额 × 费率+甲供设备暂估金额 × 费率

序号	费用项目	计算方法
四	规费	（1+2）× 费率
五	税前工程造价	一＋二＋三＋四
六	税金	五 × 费率
七	安装工程造价	五＋六

二、安装工程预算国标工程量清单计价方法

国标工程量清单计价方法是根据招标人统一给定的工程量清单项目和工程量，在自主确定每个清单项目综合单价的基础上计算工程造价的一种方法。这里的综合单价包括完成每个项目的定额人工费、材料费、机械费，以及以定额人工费、机械费之和为计算基数计算的管理费、利润和风险费。

国标工程量清单计价方法步骤如下。

（1）计算分部分项工程费：

$$分部分项工程费 =\sum（分部分项工程量 × 综合单价）$$

1）确定每个清单项目包含哪些定额项目，计算对应定额项目工程量。

2）计算每个清单项目对应定额项目的人工费和机械费之和。

3）在第2）步的基础上计算每个清单项目的管理费、利润和风险费。

4）汇总第2）步和第3）步的费用计算出每个清单项目综合单价。

5）每个分部分项工程清单工程量乘以对应综合单价得出对应项目分部分项工程费。

6）汇总计算各分部分项工程费。

（2）计算措施项目费。措施项目费计算同分部分项工程费。

（3）计算其他项目费。其他项目费包括暂列金额、暂估价、计日工、总承包服务费和索赔与现场签证，按工程量清单计价要求计算。

（4）计算规费。

（5）计算税金。

（6）汇总（1）～（4）的费用计算出工程总价。

国标工程量清单计价方法程序见表1-2。

表1-2　国标工程量清单计价方法程序

序号	费用项目	计算方法
一	分部分项工程项目费	$\sum$（分部分项工程量 × 综合单价）
	其中：1. 人工费＋机械费	$\sum$分部分项（人工费＋机械费）
二	措施项目费	$\sum\left[（一）+（二）\right]$

序号	费用项目			计算方法
二	（一）技术措施费			∑（技术措施项目工程量 × 综合单价）
	其中		2. 人工费＋机械费	∑技术措施项目（人工费＋机械费）
	（二）组织措施费	其中	1. 安全文明施工费	（1+2）× 对应组织措施费费率
			2. 临时设施费	
			3. 冬雨期施工增加费	
			4. 提前竣工增加费	
			5. 夜间施工增加费	
			6. 二次搬运费	
			7. 已完工程及设备保护费	
			8. 其他施工组织措施费	按相关规定进行计算
三	其他项目费			按招投标要求计算
四	规费			9+10
	其中		9. 排污费、社保费、住房公积金	（1+2）× 费率
			10. 工伤保险	按当地有关规定计算
五	危险作业意外伤害保险			
六	税金			（一＋二＋三＋四＋五）× 费率
七	安装工程造价			一＋二＋三＋四＋五＋六

任务二　安装工程预算 BIM 技术应用优势和发展趋势

任务描述

了解 BIM 的概念及其在安装预算中的应用方法和发展趋势。

任务分析

广泛阅读了解有关 BIM 技术在建筑工程全寿命管理过程中应用场景的文献、资料，结合安装工程预算工作的主要内容，了解 BIM 技术的具体应用场景、要求及发展趋势。

任务目标

了解安装工程施工图纸有关制图规范、标准、图集，熟悉 Revit 等建筑建模软件的建模方法。

![任务实施图标] **任务实施**

　　BIM 技术出现前，一般安装预算都需要预算人员根据图纸和其他预算资料进行预算项目的划分和手算工程量，然后套用单价计算分部分项工程费，再根据费用文件计算其他费用，最后汇总计算出工程总价。

　　一个预算项目从预算工作开始一直到得出最终的预算结果，都需要预算人员根据图纸和相关资料分析图纸设计内容和施工工艺，在思维空间里勾勒出图纸内容的立体构架，甚至整个项目的立体结构，对空间想象能力及细节处理能力要求较高。一般在校学生接触实际工程项目的机会不是太多，很多构件从未接触过，工艺过程更是无从谈起，这就导致根据文字图画资料做预算有一定的困难。

　　BIM 技术出现后，可以直接在 BIM 软件里建立需要做预算的图纸内容模型，建立模型的过程相当于构件设备的安装建造过程，细节处理过程详细，而且 BIM 软件内置了各种规范和标准，整个操作过程既规范又标准，相当于在理论教学和工程实际之间架起了一座沟通的桥梁，实现无缝对接。

　　BIM 技术以建筑信息模型为载体，主要利用现代计算机技术和相应的软件，对项目进行模型设计，组合、集成各种数据和信息，从而达到仿真模拟的效果，服务于各种项目管理需要。

　　对于安装预算，可以建立一个安装项目的三维立体模型，使项目的立体形态更加直观，从而突破二维图纸的工作局限，为造价管理提供更多的参考数据和详细的应用信息，提高预算的质量和水平。在实际施工过程中，应用 BIM 技术可以缩短工程造价管理和施工管理的时间，BIM 技术的可视化、一体化管理优势能够有效提高工程管理工作质量。

一、安装工程预算 BIM 技术应用优势

　　与传统安装工程预算相比，BIM 技术的应用全面提升了工作效率与信息化水平，优化了识图算量与费用计算过程，具有显著的应用优势。在安装预算过程中，BIM 技术应用优势主要体现在以下几个方面。

　　（1）可以整体进行图纸导入，可以自动或手动按楼层和系统进行图纸分割，可以在BIM 软件中按系统和楼层在 CAD 图纸上进行图例识别建模，也可以手动绘制或者使用BIM 软件内置的表格进行图元构件工程量和属性参数的输入。

　　（2）BIM 软件对同类构件或某一系统构件进行模块化、标志性一次识别，无须关注构件细节属性的不同，模型生成后可以重新批量选中或个别选中进行个性化参数修改。

　　（3）不同楼层或系统构件可以根据需要设置任意组合，也可以进行碰撞检查以提前发现需要改进或矛盾地方，避免与实际不符。

　　（4）根据不同构件的特征设置了非常便利和多样化的识别方法与技巧，特别是点式构件设备可以一次性全部识别建模。

　　（5）软件工程量计算一键完成，可以根据需要设置个性化报表出量方案，同时，也可以根据内置清单规则实现高效的清单匹配。

（6）三维算量软件与套价费用软件高度兼容，从算量到套价计算费用无缝、高效对接。

二、安装工程预算 BIM 技术发展趋势

在安装工程预算中，BIM 技术的应用是建筑行业本身发展的需要，并且结合安装工程预算专业本身和建筑行业的特点逐渐出现了一些新的发展趋势。

（1）BIM 标准的统一。

1）数据传输与交换标准的统一。市场上 BIM 软件众多，但是不同的 BIM 软件在数据传输与交换方面还无法实现互通互连。特别是工程量计算，目前设计阶段的模型很难再次使用，施工单位依然要根据图纸重新建立自己的模型。尽管现在很多算量软件已经能够导入 CAD 或三维模型，但是依然要进行大量的修改整合工作。

2）数据标准化分类体系的建立。现在工程项目管理实行全寿命周期、全过程管理。BIM 技术的应用包含海量项目信息，这些信息需要在不同软件、不同专业、不同使用者之间相互传递、识别、加工和使用，只有将所有的信息标准化，也就是建立标准化的编码体系，使其具有唯一的身份标识，才不会引起信息错误。数据标准化分类体系的建立使工程项目不同阶段、不同参与方和不同软件之间能够顺利使用，也是 BIM 与 ERP 系统（企业经营管理系统）能够顺利集成交互的基础。

（2）BIM 应用的高度集成化。

1）BIM 与项目管理系统（PMS）集成应用。工程预算信息在 BIM 技术上的应用涉及项目管理的各个阶段、各个方面，是一个协调管理过程。各个参建方对于 BIM 模型有不同的需求、使用、控制、管理、协同的方式和方法。因此，以 BIM 模型为中心，使各参建方在项目运行过程中能够在模型、资料、管理、运营上协同工作。BIM 技术与项目管理系统集成应用必将成为以后 BIM 应用的一个趋势。

2）BIM 与数据管理系统（DMS）集成应用。目前，能够搭建基于 BIM 的企业级数据管理系统的企业不多，甚至没有。因为数据管理系统需要的是大量数据，而建立大量数据的技术又基于 BIM 的广泛应用，只有广泛应用 BIM，才会不断产生有价值的数据，从而数据管理系统才能实现对 BIM 数据综合管理和利用的功能（包括数据存储、转化、提取、分析），并将处理后的数据以有价值的知识的形式指导后续的 BIM 应用，如材料价格信息、成本信息、造价指标信息、项目预算信息等。数据管理系统同时也是 BIM 系统与 ERP 系统集成的中转站，两者通过数据管理系统获取、修改、使用、提交数据，完成数据的生成和利用的良性循环。

 任务考核评价

任务考核采用随堂课程分级考核和课后开放课程网上综合测试考核相结合的方式。

随堂课程分级考核可以采用课堂讨论、问答和针对必要任务进行实战演练的方式进行，需要教师根据课堂内容及学生掌握、理解知识的程度设置分层分级知识点问题和考核任务。

网上综合测试考核需要建立题库，实现随机组卷，学生自主安排测试时间（教师可以设定测试期限和决定是否允许学生延迟或反复测试），题型比较灵活。

 **综合实训**

本项目综合实训融合在模块二项目六的综合实训中。

 同步测试

1. 什么是定额工程量清单计价方法?

2. 什么是国标工程量清单计价方法?

3. 定额工程清单计价方法和国标工程量清单计价方法的主要区别是什么?

4. 简述定额工程量清单计价方法的主要步骤。

5. 简述国标工程量清单计价方法的主要步骤。

6. 在安装工程预算中,BIM技术的应用主要体现在哪些方面?

7. 如何进行定额清单项目编码和国标清单编码?

 案例分析

本项目案例分析融合在模块二项目六的案例分析中。

项目二 电气照明工程 BIM 建模算量

📁 项目介绍

分析识读电气照明工程施工图纸，读取算量关键信息 → 完成软件工程项目设置→进行 CAD 图纸管理 → 完成电气干线工程建模算量 → 完成电气照明工程建模算量 → 进行工程量计算、文件报表设置和工程量输出。

💡 知识目标

（1）熟悉电气照明工程施工图识读方法。
（2）掌握电气照明工程软件建模算量思路及方法。
（3）掌握电气照明工程工程量计算、文件报表设置及工程量输出方法。

⚓ 技能目标

（1）能够根据计算规则进行配电箱（柜）、灯具及开关插座等设备的识别建模。
（2）能够根据图纸信息绘制电气照明工程管线及桥架。
（3）能够对电气照明工程构件进行汇总计算，并根据需要进行报表设置和工程量输出。

📝 素质目标

（1）坚持知识学习与价值引领相结合，培养正确的价值观与强烈的责任感。
（2）培养缘事析理、明辨是非的能力，做到德才兼备、全面发展。
（3）培养规则意识和正确应用规范标准的能力，快速适应行业发展。

👥 案例引入

本项目为某附属楼电气照明工程（CAD 电子图纸可以通过项目后案例分析中的二维码进行扫描下载），根据用途主要可分为电气工程、照明工程和防雷接地工程三部分。利用广联达 BIM 安装计量 GQI2021 软件对项目中的电气工程、照明工程和防雷接地工程进行工程量的计算。

任务一 新建工程项目与 CAD 图纸管理

任务描述

识读附属楼电气照明工程图纸，读取新建工程项目与 CAD 图纸管理关键信息；新建电气照明工程项目，进行正确的 CAD 图纸管理。

任务分析

（1）通过分析附属楼工程施工图纸，了解建筑面积、结构类型、楼层标高、基础埋深等设计信息新建电气照明工程项目。

（2）导入 CAD 图纸、正确进行 CAD 电子图纸在软件中的比例设置、分割和定位。

任务目标

了解电气照明工程相关制图规范、标准和图集；掌握电气照明工程施工图的识读方法和技巧；掌握软件项目新建和 CAD 图纸管理操作步骤和方法等。

任务实施

一、新建工程

要在安装算量软件中进行一个新的工程项目计量计价，必须首先在软件中新建一个工程项目，该工程项目实际上就是一个 BIM 模型，所有该工程相关的信息都要在这个信息模型中通过设置模型信息和建立模型来实现，而且该模型最终是以广联达对应版本软件特有格式形式保存，后续可以在不同的专业中或系列软件中相互传递调用。

新建工程具体操作步骤如下。

（1）双击"广联达 BIM 安装计量 GQI2021"图标，打开软件操作界面，可以根据实际选择需要的功能按钮。

（2）单击"新建"按钮，弹出"新建工程"对话框，根据实际需要编辑相关信息即可。此处"工程名称"输入"某附属楼工程"，"工程专业"选择"电气"，"计算规则"选择"工程量清单项目设置规则（2013）"，"清单库"选择"工程量清单项目计量规范（2013- 浙江）"，"定额库"选择"浙江省通用安装工程预算定额（2018）"，"算量模式"选择"经典模式：BIM 算量模式"，如图 2-1 所示。

（3）信息编辑完成后单击"创建工程"按钮，打开软件工作界面。广联达 BIM 安装计量 GQI2021 软件工作界面主要由快捷命令栏、选项卡、功能命令选项面板、导航栏和绘图区等模块组成，如图 2-2 所示。

新建工程

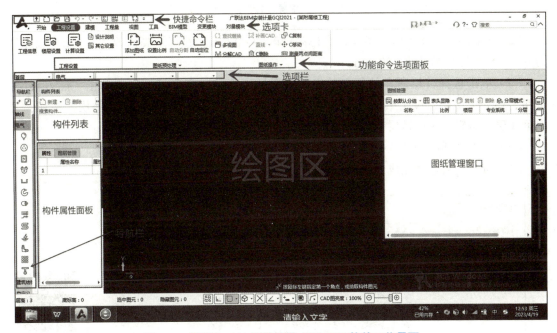

图 2-1　新建工程

图 2-2　广联达 BIM 安装计量 GQI2021 软件工作界面

（4）单击快捷命令栏中的"保存"按钮，或单击"应用程序"按钮，在下拉列表中单击"保存"按钮对工程文件进行保存。

二、楼层设置

（1）调出楼层设置。在"工程设置"选项卡"工程设置"面板中单击"楼层设置"按钮，弹出"楼层设置"对话框，软件默认已建好首层和基础层，但对应楼层属性要根据实际工程进行编辑。基础层与首层的楼层编码和名称不能修改，且建立其他楼层时，首层前复选框必须始终勾选（图 2-3、图 2-4）。

图 2-3　调出楼层设置

图 2-4　"楼层设置"对话框

（2）基础层层高修改为 0.6 m，底标高修改为 –0.6 m；首层层高修改为 3.9 m，底标高为 0 m，楼板厚度默认为 120 mm。

（3）单击选择首层所在的行，单击"批量插入楼层"旁下拉按钮，单击"插入楼层"按钮，建立第 2 层，编辑第 2 层楼层信息，选中 2 层所在行，单击"插入楼层"按钮，建立第 3 层，编辑第 3 层楼层信息，注意插入其他楼层时，不要勾选复选框。

（4）单击"插入楼层"按钮，单独建立屋顶层，层高输入 3.9 m。

（5）所有楼层建立完成后，结果如图 2-5 所示。

图 2-5　工程楼层设置

楼层设置

三、图纸导入

单击"视图"选项卡"用户界面"面板中的"图纸管理"按钮，弹出"图纸管理"对话框，鼠标光标移动到右侧" ↠ "图标，单击选择"分层模式"完成建模类型选择。单击"工程设置"选项卡"图纸预处理"面板中的"添加图纸"下拉按钮，在下拉列表中单击"添加图纸"按钮，弹出"添加图纸"对话框，选择要添加的图纸，单击"打开"按钮完成图纸添加（图 2-6 ～图 2-8）。

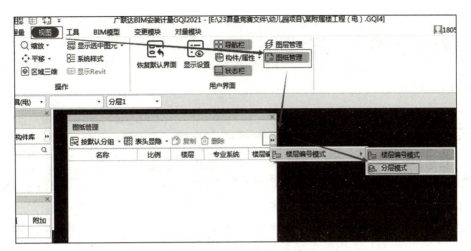

图 2-6 选择"分层模式"

图 2-7 添加图纸

添加图纸

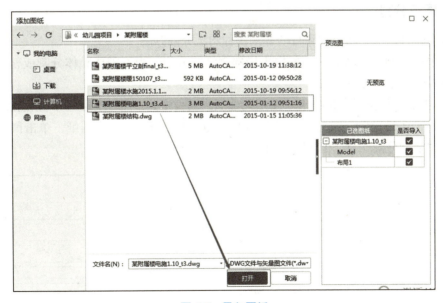

图 2-8 导入图纸

四、设置图纸比例

单击"工程设置"选项卡"图纸预处理"面板中的"设置比例"按钮，选项栏中出现

"局部设置"和"整图设置"两个选项，电气部分根据图纸实际情况，选择"整图设置"选项后，任意找到一张图纸中相邻两点的尺寸标注，依次单击标注的起点和终点后弹出"尺寸输入"对话框，在对话框中输入实际标注的距离即可，单击"确定"按钮完成比例设置（图 2-9、图 2-10）。

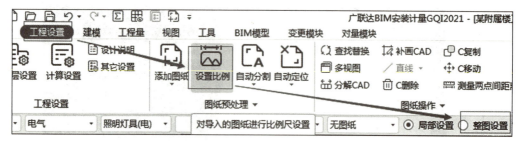

图 2-9　选择图纸比例设置方式

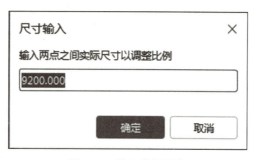

图 2-10　输入实际距离

比例设置

五、图纸分割

该版本软件提供手动分割和自动分割两种图纸分割方法。

（1）手动分割。手动分割主要用于局部图纸的分割，当不需要整体分割或整体分割不满足要求时选择手动分割方式。

1）单击"工程设置"选项卡"图纸预处理"面板中的"手动分割"下拉按钮，在下拉列表中单击"手动分割"按钮，在绘图区单击框选要拆分的 CAD 图纸，单击鼠标右键确认，弹出"手动分割"对话框（图 2-11、图 2-12）。

图 2-11　单击"手动分割"按钮

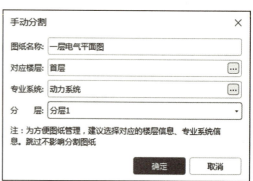

图 2-12　输入图纸分层信息

2）检查图纸名称的正确性，如不正确可进行手动修改，软件会自动按图纸名称关键词自动生成对应图纸名称。

3）对应楼层和专业系统可以单击右侧三点按钮进行选择，选中正确楼层"首层"和"专业系统"（图2-13、图2-14）。

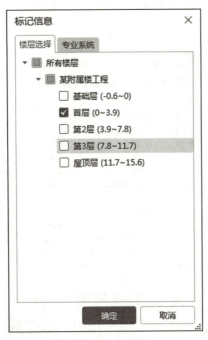

图 2-13　楼层选择

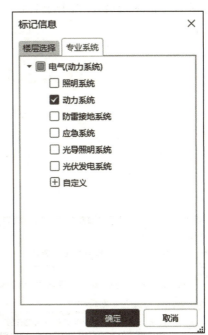

图 2-14　专业系统

4）单击"确定"按钮，分割完成图纸如图2-15所示。

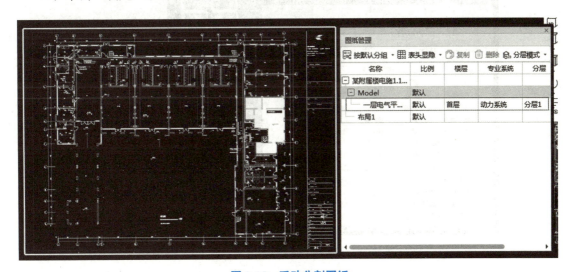

图 2-15　手动分割图纸

（2）自动分割。自动分割主要用于图纸的全部分割，且在满足自动分割条件时进行。单击"工程设置"选项卡"图纸预处理"面板中的"手动分割"下拉按钮，在下拉列表中单击"自动分割"按钮，选项栏里会出现"局部分割"和"整图分割"，此处选择"整图分割"，软件会根据每张 CAD 图纸边框和图纸名称自动进行图纸分割，并且分割成功的图纸边框以黄色显示，同时弹出"自动分割"对话框，根据设计信息进行每张图纸楼层和专业系统选择后，单击"确定"按钮，分割好的每张图纸会在"图纸管理"对话框中分行出现（图 2-16～图 2-18）。

图 2-17　设置图纸属性

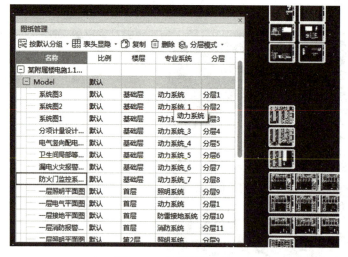

图 2-16　选择分割方式

图 2-18　自动分割图纸

六、编辑分层关系

双击图纸名称对应的分层列内容，出现下拉箭头，单击此下拉箭头，选择各图纸对应的分层系列，建议把属于同一系统不同楼层的平面图划归在同一分层系列中，如图 2-19 所示。各层消防平面图选择对应楼层"分层3"，各层电气平面图选择"分层2"，各层电气平面图选择"分层1"，其他如设计说明，系统图和大样图等按与前面各类图纸关系对应到相应的分层中。

图 2-19　图纸分层

七、图纸定位

楼层图纸分配完成后就可以根据图纸设计内容，利用软件的建模功能进行构件和整体模型的建模，但是为了将各层模型建立联系，形成整体模型，需要给各层图纸建立一个相同的定位点，实现同一垂直构件空间上的同一个构件，相同位置平面构件空间同位。具体操作步骤如下。

（1）手动定位。

1）建立轴网。在"图纸管理"对话框中双击选择需要定位的图纸，如"一层电气平面图"，绘图区切换到"一层电气平面图"，此时软件已经在图纸的左下角自动生成一个 3 000 × 3 000 的轴网，该轴网①轴与Ⓐ轴的交点坐标为（0，0）（图 2-20、图 2-21）。

编辑分层关系

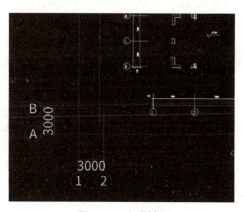

图 2-20　选择图纸　　　　图 2-21　生成轴网

2）图纸定位。单击"工程设置"选项卡"图纸预处理"面板中的"手动定位"下拉按钮，在下拉列表中双击"手动定位"按钮，绘图区中光标变成"回"字形，分别单击需要定位的Ⓐ轴和①轴轴线，单击鼠标右键确认，绘图区中会出现两轴线的交叉定位点，再单击鼠标右键确认，完成一层电气平面图纸的定位（图 2-22～图 2-24）。

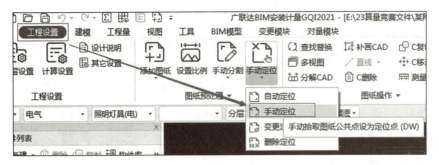

图纸定位

图 2-22 选择定位功能

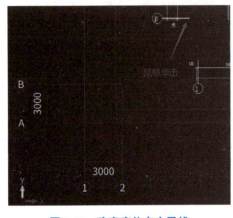

图 2-23 确定定位点交叉线

图 2-24 确定定位点

3）其他楼层图纸定位。一层电气平面图将①轴与Ⓐ轴的交点作为定位点，同样其他图纸也应该将①轴与Ⓐ轴的交点作为定位点，具体操作同一层定位，这样，各楼层图元相同平面位置构件模型可以互相对应。

（2）软件自动定位。图纸导入后，单击"工程设置"选项卡"图纸预处理"面板中的"自动定位"按钮，软件自动按默认条件完成所有导入图纸的定位。

任务二 电气工程 BIM 建模算量

🔍 任务描述

识读附属楼电气工程施工图纸，读取电气部分算量关键信息；完成电气部分构件模型的建立和工程量的汇总计算；进行工程量的查询、文件报表设置和工程量的导出。

🔗 任务分析

（1）按设计说明→电气竖向配电干线图→配电箱系统图→各层电气平面图→大样图的顺序识读理解电气系统电源的分配关系、管线回路信息。

（2）按一定的顺序和正确的方法完成配电箱、桥架及插座的属性设置与模型建立，同时进行回路管线模型的建立。

（3）电气系统构件模型建立后，进行工程量的汇总计算、查询和文件报表设置。

任务目标

了解电气工程相关制图规范、标准和图集；熟悉电气工程施工图的识读方法和技巧；掌握电气设备构件、材料的用途、属性和安装要求；掌握软件各构件建模算量功能命令的操作步骤和方法等。

任务实施

一、配电箱柜建模

（1）自动识别建模。

1）配电箱柜属性定义。在导航栏树状列表中，选择"配电箱柜（电）（P）"（图2-25）。单击"建模"选项卡"识别配电箱柜"面板中的"配电箱识别"按钮（图2-26），鼠标光标移动至绘图区CAD图纸范围，当光标变成"回"字形时，按下方状态栏提示，单击框选要识别的配电箱和标识（AP配电柜），单击鼠标右键确认，弹出"构件编辑窗口"对话框，新建"配电箱柜"构件，如图2-27所示。

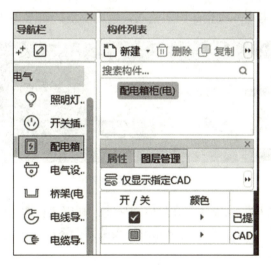

配电箱识别

图2-25　构件选择

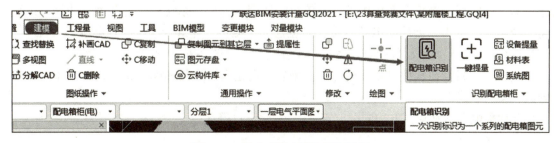

图2-26　单击"配电箱识别"按钮

软件默认构件信息与实际不符,需要按照工程图纸构件实际信息进行编辑修改,如图 2-28 所示,随后可以再次在属性面板中进行配电箱 AP 名称命名。注意:最后单击"确认"按钮前,要单击"选择楼层"按钮,进行楼层选择。

图 2-27　软件默认配电箱　　　　图 2-28　属性编辑后的配电箱

2)生成模型。配电箱 AP 属性信息编辑完成后,单击"确认"按钮,软件会自动将图纸中满足条件的类似配电箱一次全部识别完成,生成模型,如图 2-29 所示。

图 2-29　模型生成

(2)系统树。"系统树"功能属于高阶应用功能,利用此功能可以快速读取 CAD 系统图各回路信息,在软件中建立构件形成配电系统树表关系。下面以配电箱 ATE-GY 为例说明配电箱的建立。

图纸管理窗口中双击"系统图 2"所在的行,绘图区切换到"系统图 2"。单击"建模"选项卡"识别配电箱柜"面板中的"系统图"按钮,弹出"系统图"对话框,选择"系统树"选项卡,单击"创建配电箱"按钮,创建一个新的配电箱 PDXG-1,再根据 ATE-GY 信息进行修改,即可在软件中创建 ATE-GY 配电箱柜(图 2-30 ~图 2-32)。

此种方式只是在软件里新建构件,模型生成还是需要进行图例标识识别,具体操作步骤同自动识别建模。

其他配电箱识别建模方法同配电箱 AP,在此不再赘述。

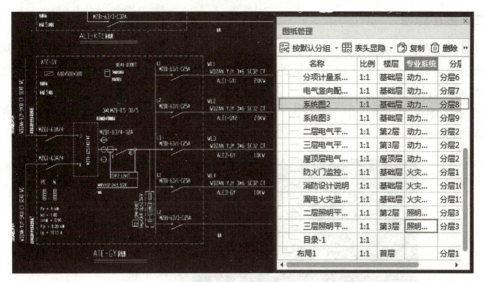

图 2-30　绘图区切换

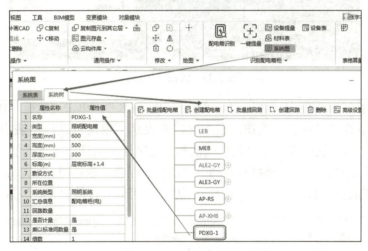

图 2-31　调出系统图创建配电箱

提示：1、蓝色代表绘图区已有工程量
　　　2、双击配电箱或回路可反查到绘图区所在位置

图 2-32　配电箱 ATE-GY 属性编辑

系统树

二、插座建模

（1）利用图例表编辑构件，"设备提量"识别建模。图纸设计说明里有图例表，可以利用该图例表对软件中的对应设备器具进行构件属性的编辑，在此基础上利用软件中图例识别功能进行构件识别建模。

1）双击图纸管理窗口中"系统图3"对应行，绘图区切换到图例表所在的"系统图3"（图2-33）。

图2-33　绘图区切换

2）在导航栏树状列表中，选择"开关插座（电）（K）"，单击"建模"选项卡"识别开关插座"面板中的"材料表"按钮，根据状态栏提示，单击框选材料表中需要识别的内容，如图2-35所示，被框选部分以黄色边框和蓝色字样显示选中状态，单击鼠标右键进行确认，弹出"识别材料表—请选择对应列"对话框。注意：框选时，要尽量包含表头部分，以便于软件生成表格时自动生成对应的表头信息，也可以自行编辑（图2-34～图2-36）。

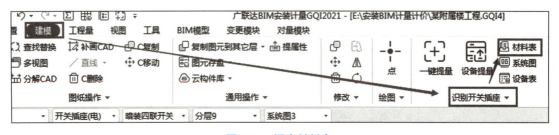

图2-34　调出材料表

图例表

图2-35　框选材料表

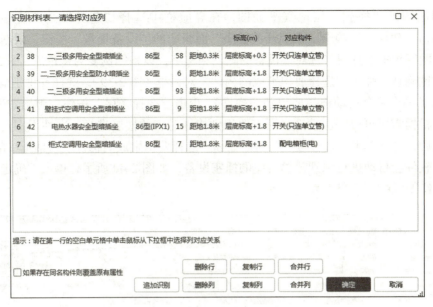

图 2-36　识别材料表对话框

3）表格信息编辑。弹出的"识别材料表—请选择对应列"对话框表格中部分信息会出现偏差，需要进行修改，甚至删除多余的行和列，另外，可以使用"追加识别"功能将遗漏信息再次进行识别补充，最终结果如图 2-37 所示。

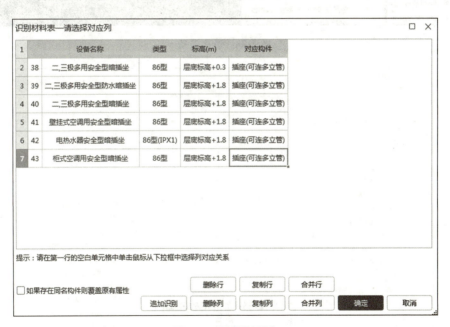

图 2-37　编辑材料表

4）"设备提量"识别建模。"材料表"的识别只是在软件中建立了相应的构件信息，甚至有些构件的信息虽然在材料表中有，但软件中并没有识别出来，此时需要后面识别建模时重新在"构件/属性"中建立构件，但无论是哪种情况，真正构件模型的建立都需要利用功能键识别图例生成模型。

绘图区图纸切换到一层电气平面图，在导航栏中选择"电气"→"开关插座（电）（K）"，单击"建模"选项卡"识别开关插座"面板中的"设备提量"按钮，根据状态栏提升，在绘图区单击框选或点选对应设备的图例和文字，设备图例变为蓝色后（图2-38），单击鼠标右键确认，弹出"选择要识别成的构件"对话框（图2-39），选择要识别的构件（一般前面正确操作后会自动选择要识别的构件），单击"选择楼层"按钮，弹出"选择楼层"对话框，根据需要可以一次性选择所有要识别构件对应的楼层进行一次性识别建模，楼层设置完成后，连续单击"选择楼层"对话框和"选择要识别成的构件"对话框中的"确认"按钮后，软件会自动进行识别建模对应的插座设备，如图2-40所示，单击"确定"按钮模型生成，绘图区中图例变成黄色。

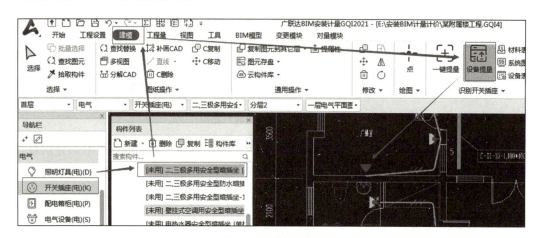

图2-38 选择设备

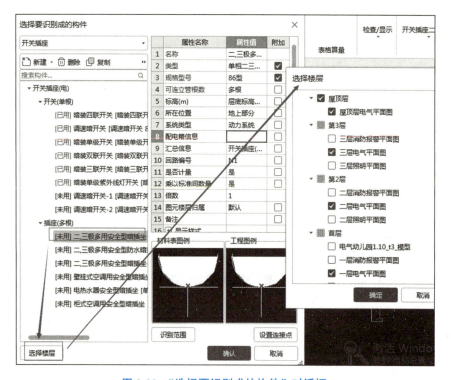

图2-39 "选择要识别成的构件"对话框

直接用"设备提量"功能进行其他类型插座建模算量，如果软件中已经使用其他功能建立好的相应构件，那么利用"设备提量"功能后会自动弹出对应构件识别即可，如果软件中原来并没有建立要利用"设备提量"功能进行识别建模的构件，那么此时利用"设备提量"功能时需要新建对应构件，构件建立完成后后续操作同上。

图 2-40　识别完成

（2）"一键提量"建模算量。一键提量功能可以一次性对整个工程的点式设备提量，一次性完成软件中构件建立和识别建模。这里以几个开关为例讲解其操作程序和方法。

单击"建模"选项卡"识别开关插座"面板中的"一键提量"按钮（图 2-41），弹出"构件属性定义"对话框（图 2-42），根据图纸对构件属性进行编辑，另外，可以删除暂时不需要的或错误属性信息的器具设备（图 2-43），编辑完成后单击"选择楼层"按钮，弹出"选择楼层"对话框（图 2-44），选择各楼层对应电气楼层图纸后，单击"选择楼层"对话框中的"确定"按钮，再单击"构件属性定义"对话框的"确定"按钮后软件自动进行对应插座构件建立和识别建模，识别算量结束后单击"提示"对话框中的"确定"按钮（图 2-45），完成对应插座建模，弹出"设备表"对话框，单击"导出到 Excel"按钮后可以对设备信息进行统计导出（图 2-46）。

插座建模

图 2-41　单击"一键提量"按钮

一键提量

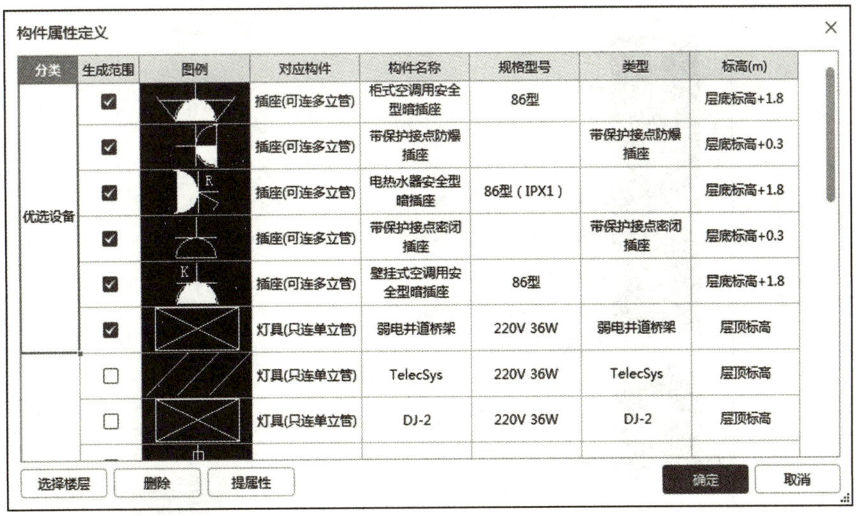

分类	生成范围	图例	对应构件	构件名称	规格型号	类型	标高(m)
优选设备	☑		插座(可连多立管)	柜式空调用安全型暗插座	86型		层底标高+1.8
	☑		插座(可连多立管)	带保护接点防爆插座		带保护接点防爆插座	层底标高+0.3
	☑		插座(可连多立管)	电热水器安全型暗插座	86型（IPX1）		层底标高+1.8
	☑		插座(可连多立管)	带保护接点密闭插座		带保护接点密闭插座	层底标高+0.3
	☑		插座(可连多立管)	壁挂式空调用安全型暗插座	86型		层底标高+1.8
	☑		灯具(只连单立管)	弱电井道桥架	220V 36W	弱电井道桥架	层顶标高
	☐		灯具(只连单立管)	TelecSys	220V 36W	TelecSys	层顶标高
	☐		灯具(只连单立管)	DJ-2	220V 36W	DJ-2	层顶标高

选择楼层　删除　提属性　　　　　确定　取消

图 2-42　"构件属性定义"对话框

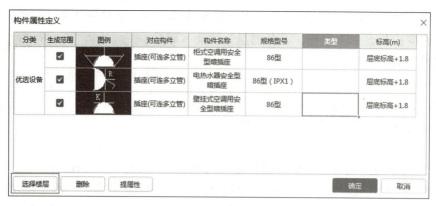

图 2-43　构件属性编辑

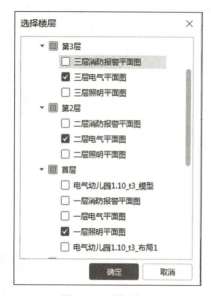

图 2-44　选择楼层

图 2-45　完成提示

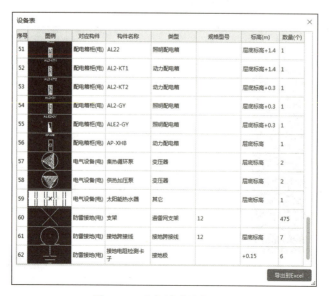

图 2-46　设备统计信息导出

（3）工程量计算。一层电气平面图插座模型完成后就可以进行汇总计算，勾选首层，执行计算，计算结果通过"汇总计算"→"报表预览"→"电气"→"工程量汇总表"→"设备"进行计算查看（图2-47、图2-48）。

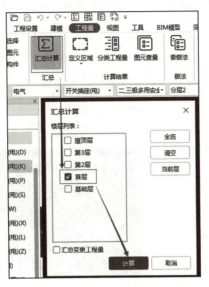

工程量计算

电气工程量报表查询

图 2-47　汇总计算

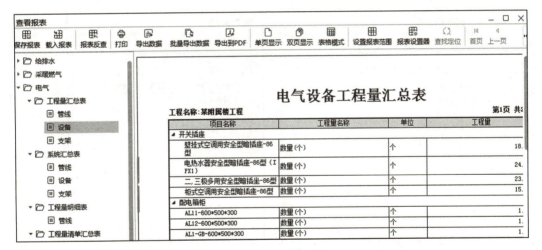

图 2-48　工程量汇总

三、桥架建模

桥架识别建模有识别建模和手动绘制两种方式。下面分别对这两种方式进行讲解。

（1）识别建模。

1）CAD线和标志识别。"识别桥架"功能根据CAD线走向和标志，自动反建桥架构件并生成图元。在导航栏树状列表中选择"桥架（电）（W）"，单击"建模"选项卡"识别桥架"面板中的"识别桥架"按钮，根据状态栏的提示，单击选择桥架两条边线和标识，图例和标识均变成蓝色，单击鼠标右键确认，弹出"构件编辑窗口"对话框，软件默认弹出的对话框中桥架属性信息往往需要根据对应段桥架实际属性信息进行编辑调整，单击"确认"按钮后，软件自动进行桥架反建桥架并生成图元。

部分没有标注的桥架，单击"确认"按钮后软件会按照桥架线宽、高度默认值（200 mm）生成图元，建模生成后可以通过选择对应图元进行反向属性修改（图2-49～图2-52）。

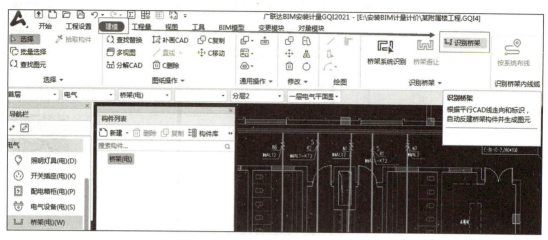

图 2-49　单击"识别桥架"按钮

图 2-50　"构件编辑窗口"对话框　　　图 2-51　构件属性编辑

2）桥架属性编辑。软件识别时，往往会对桥架进行一次性连续识别建模，生成模型后需要分段单击桥架图元分别进行属性编辑调整，单击100×100桥架，左侧弹出对应图元"构件／属性"编辑面板，根据图元实际属性信息进行编辑调整。使用同样的方法将300×200规格桥架修改成300×100规格桥架

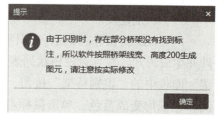

图 2-52　"提示"对话框

（图 2-53、图 2-54 ）。

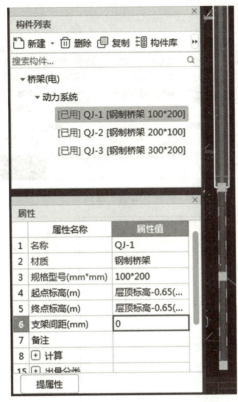

图 2-53　软件构件编辑面板　　　　图 2-54　构件属性编辑

3）节点生成。虽然模型自动生成，但此时的桥架节点部分，包括变径管和弯头、三通等并没有生成对应的模型（图 2-55 ～图 2-57 ）。

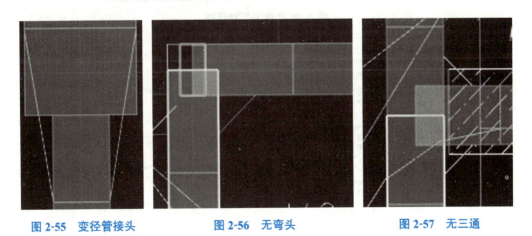

图 2-55　变径管接头　　　　图 2-56　无弯头　　　　图 2-57　无三通

应用程序菜单或单击"工具"选项卡"选项"面板中的"选项"按钮，弹出"选项"对话框，单击"其它"按钮，在"功能设置"中勾选"生成桥架"复选框，单击"确定"按钮后，软件节点生成条件设置完成（图 2-58 ～图 2-61 ）。

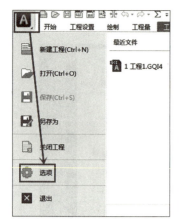

图 2-58　调出"选项"对话框

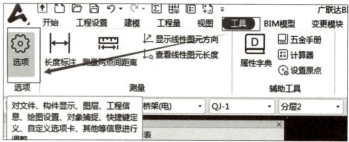

图 2-59　单击"选项"按钮

图 2-60　"选项"对话框

图 2-61　节点生成条件设置

生成节点模型，以生成变径管为例，单击一段变径管，使其呈现选中状态，然后鼠标光标移动到桥架绿色编辑节点上，当节点变成红色时鼠标左键按住节点向下拉开一个距离，再拉回原来位置（期间鼠标左键始终不要松开，等节点回到原来位置时再松开），此时可以看到变径管已经生成模型。使用同样的方法生成其他位置各种类型的节点模型（图2-62～图2-66）。

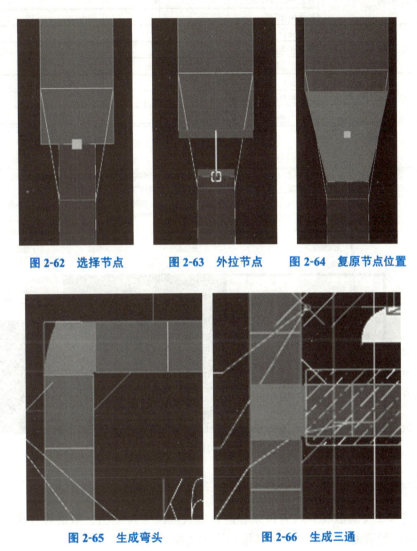

图2-62　选择节点　　　　图2-63　外拉节点　　　　图2-64　复原节点位置

图2-65　生成弯头　　　　　　图2-66　生成三通

4）工程量汇总计算。单击"工程量"选项卡"工程量"面板中的"汇总计算"按钮，弹出"汇总计算"对话框，勾选"首层"复选框，单击"计算"按钮执行工程量计算。通过"报表预览"→"工程量汇总表"→"管线"，获取一层桥架工程量（图2-67）。

桥架建模

（2）手动绘制。在导航栏中选择电气专业"桥架（电）（W）"，构件列表新建对应桥架构件，同时，在属性面板中编辑好对应桥架构件的属性信息。在构件列表中选择对应构件，单击"建模"选项卡"绘图"面板中的"直线"按钮，可以进行连续绘制，在此不再赘述（图2-68）。

电气管线工程量汇总表

工程名称:某附属楼工程 第1页 共1页

项目名称	工程量名称	单位	工程量
□ 桥架			
钢制桥架-100*100	长度(m)	m	2.425
	导管长度合计(m)	m	2.425
	表面积(m2)	m2	0.970
钢制桥架-200*100	长度(m)	m	76.098
	导管长度合计(m)	m	76.098
	表面积(m2)	m2	45.659
钢制桥架-300*200	长度(m)	m	27.320
	导管长度合计(m)	m	27.320
	表面积(m2)	m2	27.320

图 2-67 工程量汇总

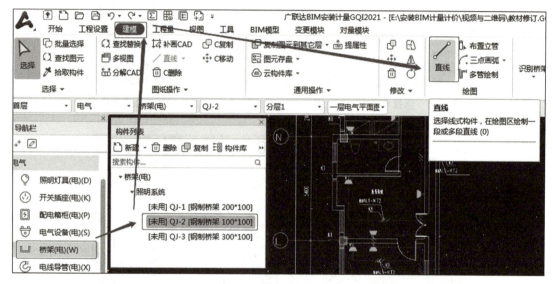

图 2-68 选择构件和单击按钮

四、配管配线建模

实际电缆和导线的敷设方式有桥架、配管敷设或配管桥架组合敷设等几种。这里主要讲解几种典型的配管配线建模方式，其他配管配线操作类似。

（1）桥架、配管组合模式线缆识别建模（纯配管配线识别建模属于其一部分内容，不再单独讲解）。

1）单回路识别建模（配管和桥架一体化识别建模）。配电箱 AP 各回路配管配线形式多为"桥架+配管"组合模式，一段敷设在桥架里，另一段敷设在钢管里。

①属性建立。切换到"系统图 1"，找到配电箱 AP 系统图，在导航栏树状列表中选择"电缆导管（电）（L）"，单击"建模"选项卡"识别电缆导管"面板中的"系统图"按钮，弹出"系统图"对话框，选择"系统树"选项卡，在系统树中选择"AP"，单击"批量提回路"按钮，对话框关闭，返回绘图区，根据绘图区下方状态栏提示，单击框

选配电箱 AP 系统图中要识别的内容（仅框选从配电箱出去的需要识别的回路信息，备用回路不用框选），松开鼠标左键，框内字体变成蓝色，框选形成的范围框变成红色方框，鼠标变成"回"字形，单击鼠标右键确认，"系统图"对话框再次弹出，此时对话框中已经读取了部分框选的内容，各回路信息可以单击"系统表"按钮进行编辑，编辑完成后单击"确定"按钮，此时构件列表中会出现配电箱 AP 对应各回路配管配线构件（图 2-69 ～图 2-74）。

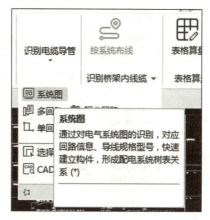

图 2-69　选择命令

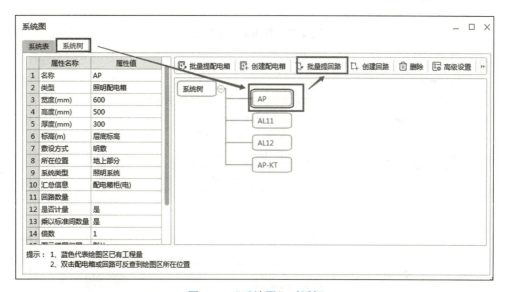

图 2-70　"系统图"对话框

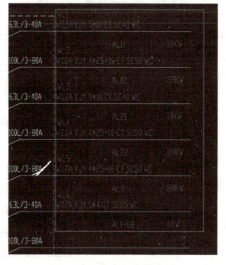

图 2-71　框选配电箱回路

系统图建立回路
构件

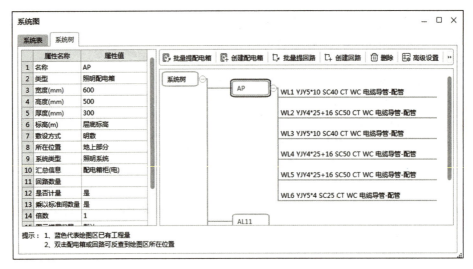

图 2-72 提取的回路信息

图 2-73 编辑回路编号和名称

通过步骤①，软件中建立了配管配线构件，除了单击"系统表"按钮，在对话框中的表格进行回路属性设置外，也可以在属性编辑面板中对其属性进行编辑调整。

② WL1 回路配管配线。将绘图区切换到一层电气平面图，以 AP 配电箱 WL1 回路为例，在导航栏树状列表中选择"电缆导管（电）（L）"，单击"建模"选项卡"识别电缆导管"面板中的"单回路"按钮，弹出提示框，根据状态栏和提示框要求，依次点选 WL1 回路 CAD 线、回路编号及 WL1 回路起点（起点为配电箱 AP，也可以先点选），选中的回路全部以橘黄色显示，单击鼠标右

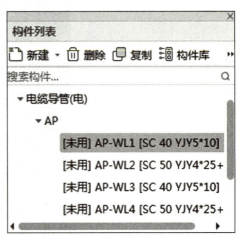

图 2-74 列表构件

键确认，弹出"单回路 - 回路信息"对话框，在该对话框中对 WL1 回路信息再次进行调整，确认无误后，单击"确定"按钮后软件自动生成对应回路构件模型（图 2-75 ~ 图 2-79）。

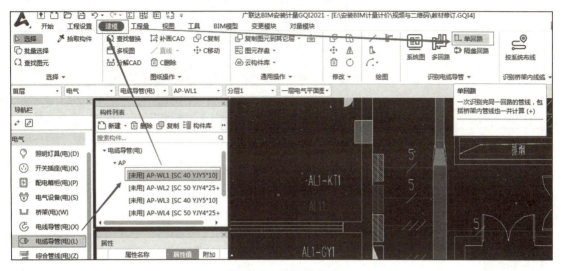

图 2-75　选择单回路

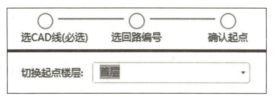

图 2-76　操作提示

单回路管线识别建模

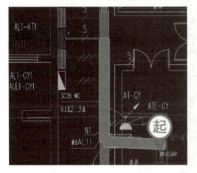

图 2-77　识别回路

图 2-78　构件编辑窗口

图 2-79　生成回路模型

2）配管敷设方式识别建模（配管和桥架部分单独识别建模）。

①配管配线建模。以 AP-KT 配电箱 WL1 回路为例进行说明。在导航栏树状列表中选择"电缆导管（电）（L）"，在构件列表中选择 AP-KT 配电箱 WL1 回路，单击"建模"选项卡"识别电缆导管"面板下拉按钮，在下拉列表中单击"选择识别"按钮，根据状态栏提示，鼠标光标移动到绘图区，单击要识别的 WL1 回路 CAD 线，单击鼠标右键确认，弹出"选择要识别成的构件"对话框，选择 AP-KT 配电箱 WL1 回路后，再次确认该回路属性信息，无误后单击"确定"按钮即完成 WL1 回路配管敷设，此种方式并没有把回路中桥架里

的线缆敷设完成，桥架线缆需要使用其他方法敷设（图 2-80～图 2-82）。

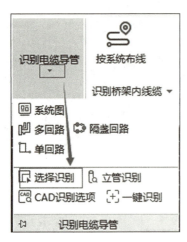

图 2-80　单击"选择识别"按钮

图 2-81　选择回路

图 2-82　配管图例

②桥架内线缆识别建模。

a. 设置起点。以 AP-KT 配电箱 WL1 回路为例进行说明，在导航栏树状列表中选择"电缆导管（电）（L）"，在构件列表中选择 AP-KT 配电箱 WL1 回路，单击"建模"选项卡"识别桥架内线缆"面板下拉按钮，在下拉列表中单击"设置起点"按钮，在根据状态栏提示，在三维状态下鼠标光标移动到垂直桥架末端呈现手状时单击桥架末端设置回路起点，弹出"设置起点位

单独配管敷设
（配管＋桥架）

置"对话框,默认立管底标高,单击"确定"按钮后,桥架末端出现黄色叉,起点位置即设置完成(图2-83～图2-85)。

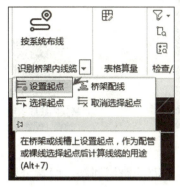

图2-83　选择设置起点

图2-84　设置起点标高

图2-85　起点标志

b.选择起点。单击"建模"选项卡"识别桥架内线缆"面板下拉按钮,在下拉列表中单击"选择起点"按钮,根据状态栏提示,在平面状态下单击回路另外一端与桥架相连的配管,单击鼠标右键确认,绘图区处于选择起点位置状态,根据状态栏提示,单击选择起点桥架位置,回路桥架段变色,单击鼠标右键确认完成桥架内布线(图2-86～图2-88)。

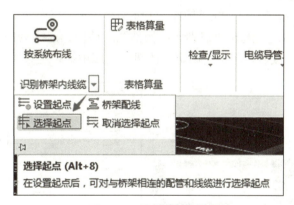

图2-86　单击选择起点

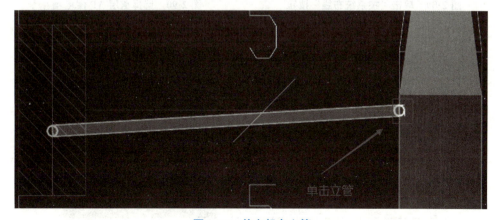

图2-87　单击起点立管

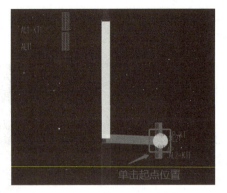

桥架内线缆识别建模（配管＋桥架）

图 2-88　选择起点配电箱

（2）桥架内线缆识别建模。以 WL3 回路为例讲解。WL3 回路为跨层回路，两端分别是配电箱 AP 和 AL21，且配电箱均在电井里，此种配电箱之间一般是纯桥架布线方式。

1）按系统布线（此处仅说明系统布线方法）。在导航栏中选择"电缆导管（电）（L）"，单击"建模"选项卡"识别桥架内布线"面板中的"按系统布线"按钮，弹出"按系统布线"对话框，单击对话框中的起点 AP 配电箱，弹出提示对话框"请单击或框选末端"，同时，绘图区显示起点 AP 配电箱已经设置成功，在"按系统布线"对话框中切换到"第 2层"，单击选择末端配电箱 AL21，绘图区显示终端设置完成，单击鼠标右键确认后，弹出"选择构件"对话框，双击"对应线缆构件"单元格后，单元格中显示"…"按钮，单击单元格中的"…"按钮，弹出"选择要识别成的构件"对话框，选择 WL3 回路，同时进行其他属性编辑，属性编辑完成后，单击"确定"按钮，完成桥架系统布线（图 2-89～图 2-94）。

图 2-89　单击"按系统布线"按钮　　　　图 2-90　选择首层 AP 配电箱

图 2-91　生成系统起点

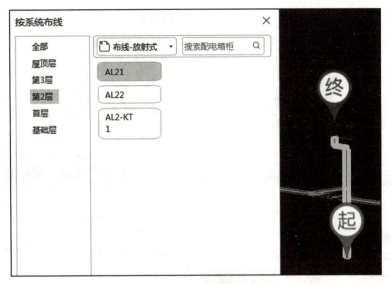

图 2-92　生成系统终点

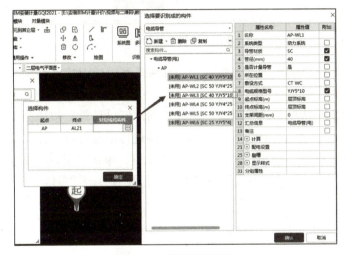

图 2-93　选择系统回路

图 2-94　布线完成

2）桥架布线。以 AP-KT 配电箱的 WL3 回路为例，回路两端分别是一层配电箱 AP-KT 和二层配电箱 AL2-KT1，连接两端配电箱的是垂直桥架。

选择电气专业"电缆导管（电）（L）"，在构件列表中选择 AP-KT 配电箱 WL3 回路，单击"建模"选项卡"识别桥架内线缆"面板中的下拉按钮，在下拉列表中单击"桥架配线"按钮，根据状态栏提示，在三维状态下，单击选择 WL3 回路全部桥架（配电箱也可以全部选择），单击鼠标右键确认，弹出"选择配线"对话框，勾选对应 WL3 回路，单击"确定"按钮，完成桥架内布线（图 2-95、图 2-96）。

按系统布线
（桥架布线）

单纯的桥架配线

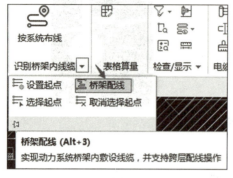

图 2-95 选择桥架布线

图 2-96 选择回路

所有其他配电箱回路识别建模都可以利用上述方法中的一种或几种完成对应回路构件的识别建模，此处不再赘述。

（3）工程量查询。单击"工程量"选项卡"工程量"面板中的"汇总计算"按钮，弹出"汇总计算"对话框，勾选"首层"，单击"计算"按钮后，软件进行汇总计算，计算完成后弹出"工程量计算完成"提示框，单击"关闭"按钮，关闭提示框，单击"报表"面板中的"查看报表"按钮，在左侧导航栏中选择"电气"→"工程量汇总表"→"管线"，弹出首层对应电气管线工程量汇总表（图 2-97、图 2-98）。

图 2-97 汇总计算

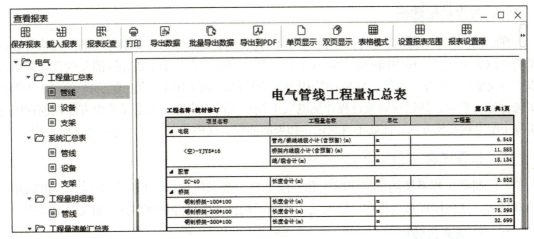

图 2-98　报表查询

任务三　照明工程 BIM 建模算量

 任务描述

（1）识读附属楼电气照明工程图纸，读取照明工程部分算量关键信息。

（2）完成照明系统部分构件模型的建立和工程量的汇总计算。

任务分析

（1）按设计说明→电气竖向配电干线图→配电箱系统图→各层照明平面图的顺序识读理解照明系统各配电箱电源的分配关系和管线回路信息。

（2）按一定的顺序和正确的方法完成各照明回路，进行照明器具的属性设置和模型建立。

（3）照明系统模型建立后，进行工程量的汇总计算、查询和报表设置。

任务目标

了解电气照明工程相关制图规范、标准和图集；熟悉电气照明工程施工图的识读方法和技巧；掌握电气设备构件、材料的用途、属性和安装要求；掌握软件各构件建模算量功能命令的操作步骤和方法等。

任务实施

照明工程系统是相对于电气工程系统而言的，电气工程系统侧重于干线工程内容，包括配电箱、配电箱间配管配线等设备、管线安装内容，而照明工程系统主要包括照明灯具、开关及其对应的配管配线。

将绘图区切换到一层照明平面图。

一、配电箱柜建模

在绘图区打开一层照明平面图可以看到一层电气平面图里已经识别建模的图元构件在这里均可以显示出来，说明同一层的电气工程系统和照明工程系统里的相同图元构件建模后可以实现模型信息共享。电气工程平面图中已经实现建模算量的构件在电气照明平面图中无须再次进行建模算量，其建模算量过程详见电气工程系统部分内容。配电箱建模方法同前面电气工程中配电箱建模方法，此处不再叙述，如果前面没有建模或漏建模，这里可以再次建模。

二、桥架建模

一层照明工程系统的桥架实际上和一层电气工程系统的桥架是同一个构件，可以相互共享显示，其建模算量过程在一层电气工程图元构件建模已经详细讲述，此处不再赘述。

三、照明器具建模

在导航栏树状列表中选择"照明器具（电）（D）"，在构件列表中单击构件库可以看到照明器具实际上就是各种灯具，建模时可以直接从构件库中选择对应的灯具行双击，新建该照明灯具构件，也可以单击"新建"下拉框新建对应灯具构件（图2-99）。

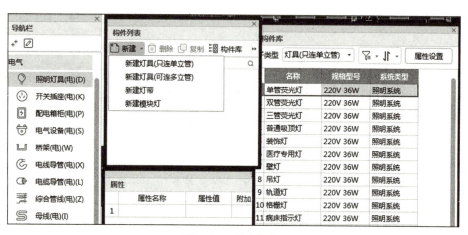

图2-99　新建构件

（1）"一键提量"建模算量。在导航栏树状列表中选择"照明灯具（电）（D）"，单击"建模"选项卡"识别照明器具"面板中的"一键提量"按钮，单击鼠标右键确认，弹出"构件属性定义"对话框。根据本工程一层照明平面图中照明器具实际属性信息对话框中各构件信息进行编辑调整（图2-100、图2-101）。

删除"构件属性定义"对话框中非照明灯具构件，不确定的图例可以双击图例单元格定位到绘图区中该图例对应的图元上进行确认，必要时可以对照CAD底图图例表核实。双击图例单元格，单击单元格浏览按钮，弹出"设置连接点（仅允许设置一个）"对话框，可以对照明器具设置配管连接点，根据安装要求单击对应位置即可。对应构件列进行编辑，对应构件列开

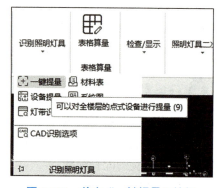

图2-100　单击"一键提量"按钮

关设置为"开关（可连多立管）"，灯具设置为"灯具（只连单立管）"，"构件名称"列各种器具名称要正确，如果开关名称不正确，则当图纸中开关控制回路没有标明导线根数时将导线根数识别错误，另外，构件名称后面带"—"后缀标志的，其对应类型名称要去掉"—"后缀标志，将来软件统计工程量时会根据类型来统计，可能图纸设计时会出现同一构件图例大小等不同的情况，软件里对应构件和类型名称都是同名同步联动的。构件标高根据图例表编辑即可。属性编辑完成后，不要立即单击"确定"按钮，应该先单击"选择楼层"按钮，弹出"选择楼层"对话框，确定需要完成建模算量的楼层信息并勾选相应复选框，没有对应构件的楼层图纸复选框取消勾选，最后连续单击"选择楼层""构件属性定义"对话框中的"确定"按钮完成软件中照明灯具的建模算量（图2-102～图2-105）。

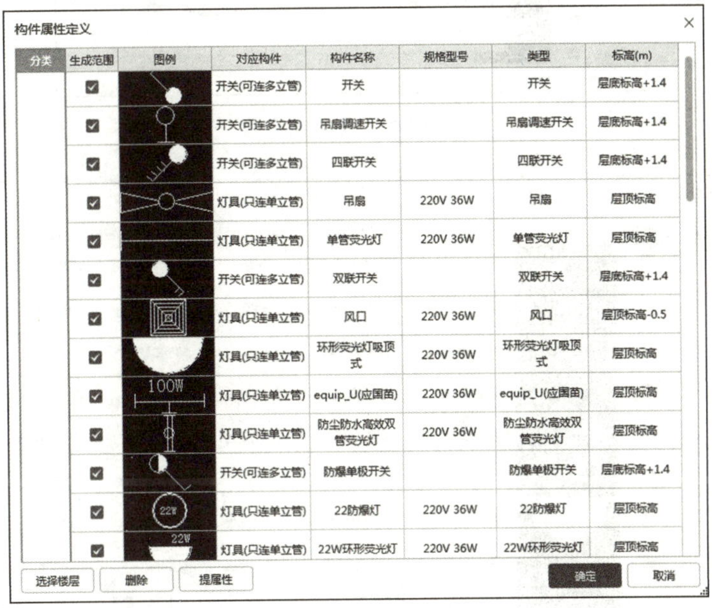

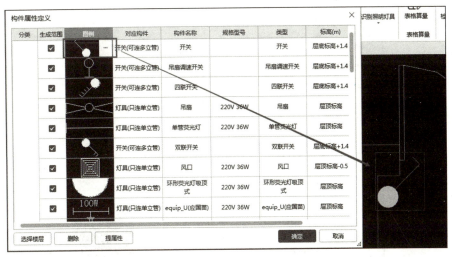

图2-101　"构件属性定义"对话框

图2-102　双击反查

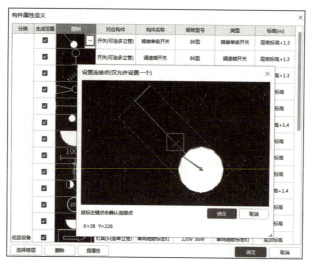

图 2-103　连接点设置

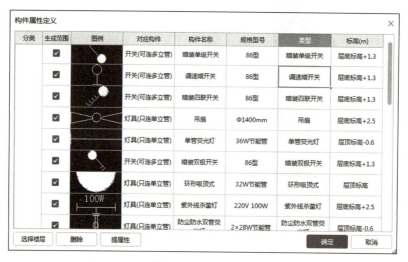

图 2-104　属性编辑

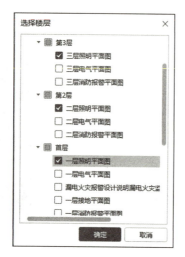

图 2-105　楼层选择

照明器具一键
提量

（2）"设备提量"模式。"一键提量"模式效率很高，可以一次性对所有楼层所有点式设备进行建模计算，但是在操作过程中，构件名称属性等难免会出现偏差情况或者软件没有识别出来的设备，此时需要单独进行处理。从首层电气照明平面图可以看出，单管28 W的双管荧光灯、排气扇（设备）和门框上的疏散指示标志并没有识别出来，下面采用"设备提量"方法进行识别建模。

进行单管28 W的双管荧光灯的建模。在导航栏树状列表中选择"照明灯具（电）（D）"，单击"建模"选项卡"识别照明灯具"面板中的"设备提量"按钮，根据状态栏提示，点选或框选图例和文字，点选需要识别的图例，单击鼠标右键确认，弹出"选择要识别成的构件"对话框，在左侧构件列表中并没有28 W双管荧光灯，此时需要在左侧构件列表中新建该构件，可以复制已经有的单管荧光灯，再进行属性修改。在列表中选择正确的构件后，单击左下角"选择楼层"按钮，弹出"选择楼层"对话框，根据需要选择要进行设备提量的楼层后，依次连续单击"选择楼层"和"选择要识别成的构件"对话框中的"确定"按钮，完成"设备提量"建模（图2-106～图2-109）。

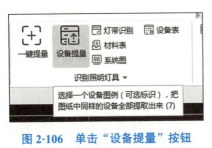

图2-106　单击"设备提量"按钮

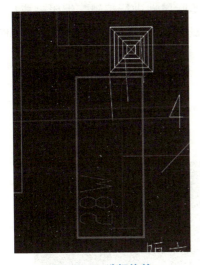

图2-107　选择构件

图2-108　"选择要识别成的构件"对话框

完成28 W单管荧光灯的设备提量建模后，其他设备构件可以采取类似方式进行提量建模，在此不再赘述。

图 2-109 选择楼层

照明灯具设备
提量

四、照明系统配管配线建模

（1）属性建立。进行配管配线建模首先要在软件中建立配管配线构件和确定对应构件的图元属性，每个回路的配管配线是与特定的配电箱联系在一起的，这种软件中建立配电箱每个回路构件和编辑属性既可以在配电箱识别时一并进行，也可以在进行配管配线建模时再进行。这里先进行一层配电箱 AL1-GB 各回路配管配线识别。

绘图区切换到"系统图 1"，在导航栏树状列表中选择"电线导管（电）(X)"，单击"建模"选项卡"识别电线导管"面板中的"系统图"按钮，弹出"系统图"对话框。在对话框中选择"系统表"中的配电箱 AL1-GB，可以看出该配电箱各回路信息并没有生成，对话框中选择"系统树"选项卡，系统树中选择配电箱 AL1-GB，单击"批量提回路"按钮，读取配电箱 AL1-GB 各回路信息，按配电箱及其各回路实际属性进行编辑，编辑完成后，单击"确定"按钮即可（提取和编辑方法同电气工程系统中识别提取配电箱各回路信息时一样）(图 2-110 ～图 2-114)。

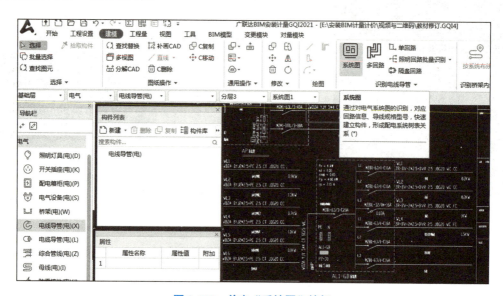

图 2-110 单击"系统图"按钮

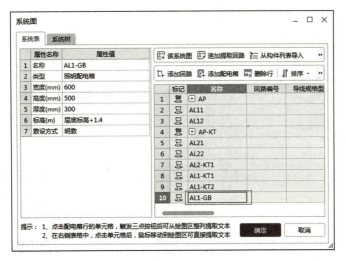

图 2-111 "系统图"对话框

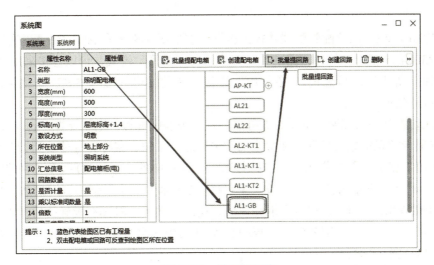

图 2-112 批量提回路

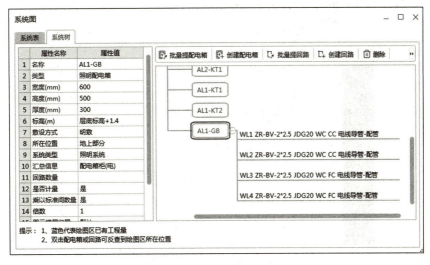

图 2-113 系统树回路

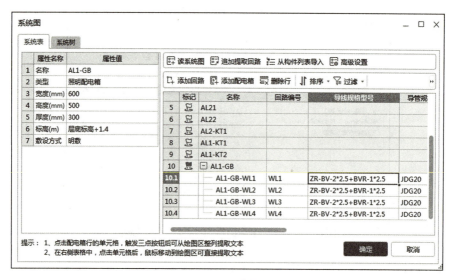

图 2-114　系统表回路

（2）WL1、WL2 回路配管配线建模。根据一层照明平面图和 AG1-GB 配电箱系统图可知，AG1-GB 配电箱引出的各回路的敷设方式是纯"配管"模式，可以直接采用"单回路"或"多回路"等方法进行建模。"单回路"方法参照前面电气工程方法，下面采用"多回路"方式进行建模。

绘图区切换到一层照明平面图，在导航栏树状列表中选择"电线导管（电）（X）"，单击"建模"选项卡"识别电线导管"面板中的"多回路"按钮，鼠标光标移动到绘图区，变成"回"字形时，根据状态栏提示，单击选择第一个回路中的一根 CAD 线及其回路编号，单击鼠标右键确认，再单击选择另一条回路 CAD 线和标注后单击鼠标右键确认，将配电箱 AG1-GB 下的 WL1、WL2 回路都提取完成后，连续两次单击鼠标右键确认后弹出"回路信息"对话框（一层照明平面图里只有 WL1、WL2 两个回路），检查无误后单击"确定"按钮（图 2-115、图 2-116）。

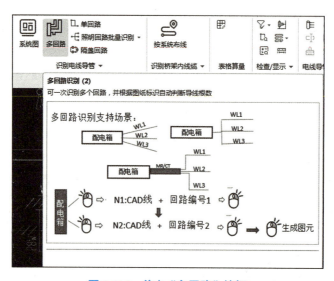

图 2-115　单击"多回路"按钮

图 2-116　多回路信息识别编辑

图 2-117 和图 2-118 分别是一层照明平面图中配电箱 AG1-GB 的 WL1、WL2 两个回路建模后的平面图和立体图。

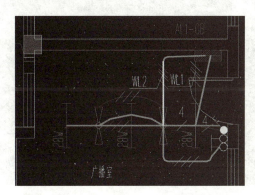 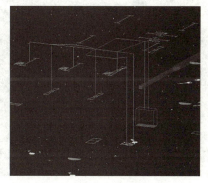

图 2-117　WL1、WL2 回路建模平面图　　图 2-118　WL1、WL2 回路建模立体图

（3）WL3、WL4 回路配管配线建模。WL3、WL4 回路在一层电气照明平面图中，绘图区切换到一层电气平面图，分别对应广播室插座的两个回路，如图 2-119 所示。

下面按照一层电气平面图中 WL1、WL2 回路一样的方法进行 WL3、WL4 回路识别建模。绘图区切换到一层电气平面图，在导航栏树状列表中选择"配管配线（电）（X）"，单击"建模"选项卡"识别电线导管"面板中的"多回路"按钮，绘图区中依次识别WL3、WL4 回路，回路信息如图 2-120 ～图 2-122 所示。

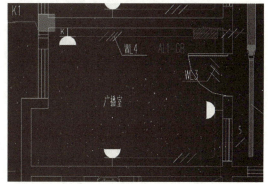

图 2-119　广播室 AL1-GB 回路

图 2-120　广播室识别建模后回路信息

配管配线建模及
模型整合

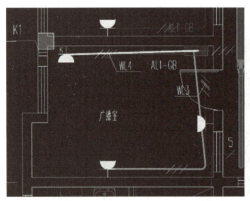

图 2-121　WL3、WL4 回路平面图

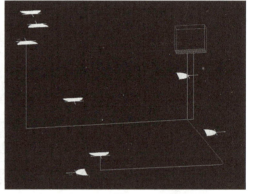

图 2-122　WL3、WL4 回路三维图

五、模型整合

下面把配电箱 AG1-GB 的 WL1、WL2、WL3 和 WL4 四个回路整合到一个模型中，单击"视图"选项卡"用户界面"面板中的"显示设置"按钮，弹出"显示设置"对话框，在"楼层显示"选项卡里选择自定义楼层，勾选"首层"复选框；在"分层显示"选项卡里勾选"分层1"（一层照明平面图）和"分层9"（一层照明平面图）复选框，此时绘图区中同一楼层的所有构件图元的模型会整体显示（图 2-123 ~ 图 2-127）。

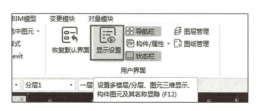

图 2-123　选择模型整合命令

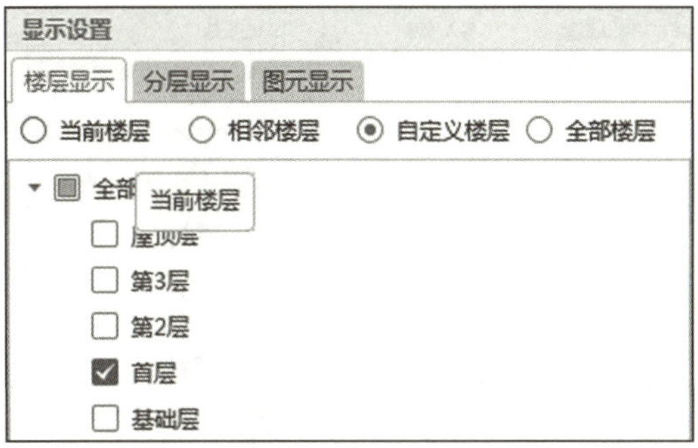

图 2-124　楼层设置

图 2-125　分层设置

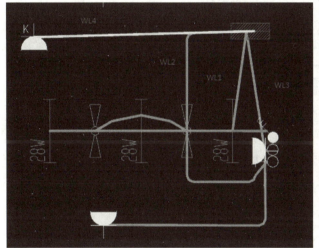

图 2-126　广播室模型整合平面图

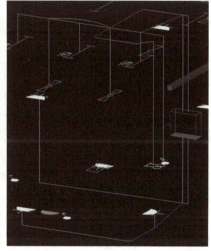

图 2-127　广播室模型整合三维图

六、广播室配电箱 AL1-GB 管线工程量计算

单击"工程量"选项卡"汇总"面板中的"汇总计算"按钮，弹出"汇总计算"对话框，勾选"首层"复选框，单击"计算"按钮，软件自动执行汇总计算命令。

单击"报表"面板中的"查看报表"按钮，弹出"查看报表"对话框，在左侧导航栏中选择"电气"→"管线"，可以看到广播室配电箱 AL1-GB 四个回路管线工程量汇总计算结果。

七、接线盒建模

一般设计图纸中并没有标明接线盒，但实际电气工程安装施工中是有接线盒实体的，在工程量计算中也需要计算其工程量，软件通过内置规则自动计算接线盒，并且提供了接线盒建模功能。

单击"工程设置"选项卡"工程设置"面板中的"计算设置"按钮,弹出"计算设置"对话框,从中可以看出软件内置的接线盒生成规则(图2-128)。

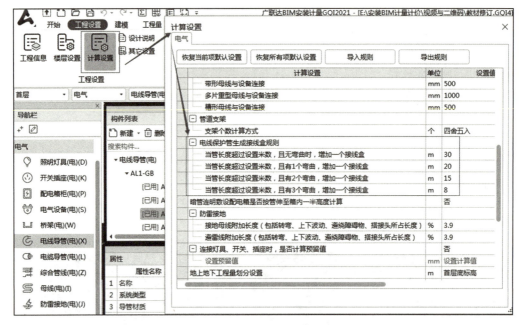

图 2-128　接线盒设置

在左侧导航栏树状列表中选择"零星构件(电)(A)",单击"建模"选项卡"识别零星构件"面板中的"生成接线盒"按钮,弹出"选择构件"对话框,完成对接线盒属性编辑后,单击"确定"按钮,弹出"生成接线盒"对话框,可以根据需要选择对应楼层对应位置的接线盒生成位置,单击"确定"按钮后,软件自动生成相应接线盒(图2-129～图2-131)。

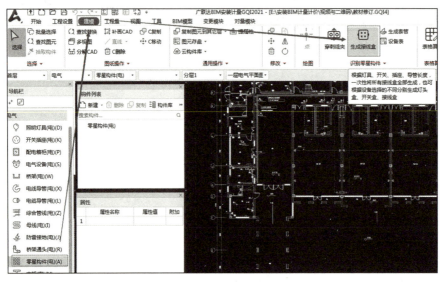

接线盒

图 2-129　单击"生成接线盒"按钮

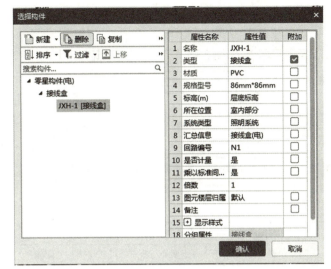

图 2-130 "选择构件"对话框　　　　图 2-131 "生成接线盒"对话框

任务四　防雷接地系统建模算量

 任务描述

（1）识读附属楼防雷接地系统施工图纸，读取防雷接地部分算量关键信息。

（2）完成防雷接地工程部分构件模型的建立和工程量的汇总计算。

任务分析

（1）按设计说明→屋顶层电气平面图→一层接地平面图的顺序读取防雷接地部分屋顶避雷网、避雷引下线、断接卡子、接地母线、接地极或接地网、接地跨接线、等电位端子箱等构件的建模算量信息，并进行构件模型的建立。

（2）防雷接地工程模型建立后，进行工程量的汇总计算、查询和报表设置。

任务目标

了解防雷接地工程相关制图规范、标准和图集；熟悉防雷接地工程施工图的识读方法和技巧；掌握防雷接地系统设备构件、材料的用途、属性和安装要求；掌握软件各构件建模算量功能命令的操作步骤和方法等。

任务实施

防雷接地系统图纸设计说明如图 2-132 所示，根据图纸设计信息进行构件属性定义和建模。

七、防雷 接地及安全

（一）建筑物防雷

1. 本工程校正系数取 1.5，年预计雷击次数为 0.0678，根据当地气象中心要求按二类防雷等级设防。

2. 接闪器：在屋顶采用 $\phi 12$ 热镀锌圆钢明敷组成不大于 10×10 m 或 12×8 m 的接闪带。接闪带应设置在外墙外表面或屋檐边垂直面上。

3. 引下线：利用建筑物钢筋混凝土柱子或剪力墙内两根 $\phi 16$ 以上主筋通长连接作为引下线，引下线间距不大于 18 m。所有外墙引下线在室外地面下 1 m 处引出一根 40×4 热镀锌扁钢，扁钢伸出室外，距外墙皮的距离不小于 1.5 m。

4. 接地网：接地极为建筑物桩基、基础底板轴线上的上下两层主筋中的各两根通长焊接形成的基础接地网。

5. 屋顶所有金属设备，金属围栏，高出接闪器的构筑物及正常运行不带电的金属部分均应和综合接地装置有可靠连接。

6. 引下线上端与接闪带焊接，下端与接地极焊接。建筑物如图的外墙引下线在室外地面上 0.5 m 处设测试卡子。

7. 太阳能金属板及钢结构安装支架均采用 40×4 镀锌扁钢或 $\phi 12$ 圆钢不少于两处与避雷带可靠焊接，太阳能产品应选用自带避雷保护产品。

8. 屋面太阳能集热板防雷设施安装方案由太阳能厂家进行完善，方案确认时应由设计单位相关专业进行确认后方可施工。

（二）接地及安全措施

1. 本工程防雷接地、电气设备的保护接地的接地共用统一的接地板，要求接地电阻不大于 1 Ω，实测不满足要求时，增设人工接地极。

2. 在基础内设 40×4 镀锌扁钢并与桩基及条形基础内两根主筋焊接成电气通路，组成总等电位联结线。本工程低压配电系统的接地形式采用 TN-C-S 制，在幼儿园专变内设置总等电位联结箱（MEB）。由配电房低压进线柜开始 N 与 PE 线严格分开。在建筑物的地下室或地面层处下列物体与防雷装置做防雷等电位连接：

1）建筑物金属体；2）金属装置；3）建筑物内系统；4）进出建筑物的金属管线；5）建筑物内金属桥架采用 40×4 热镀锌扁钢不小于两处与接地干线可靠焊接。且沿桥架通长敷设一根 40×4 热镀锌扁钢与桥架支架以及桥架可靠连接。总等电位联结箱与钢筋混凝土基础等可靠联结。总等电位联结线采用 BVR-25mm 导线穿 PC32 钢管。有洗浴设施的卫生间设置辅等电位联结（LEB）应把所有能同时触及的电气设备外壳可导电部分，各种金属管、楼板钢筋及所有保护线连接。接地装置的施工及作法参照国家建筑标准图集《接地装置安装》（03D501-4）、《等电位联结安装》（02D501-2）。

图 2-132 防雷接地系统图纸设计说明

一、接地母线建模算量

绘图区切换到一层接地平面图，在导航栏中选择"防雷接地（电）（J）"，单击"建模"选项卡"识别防雷接地"面板中的"回路识别"按钮，根据状态栏提示，点选任一接地母线 CAD 线段，单击鼠标右键确认，弹出"选择构件"对话框，反建接地母线构件，根据图纸设计要求进行属性编辑，编辑完成确定无误后单击"确认"按钮，生成对应接地母线（图 2-133～图 2-135）。

图 2-133 单击"回路识别"按钮

图 2-134　新建构件属性编辑

接地母线

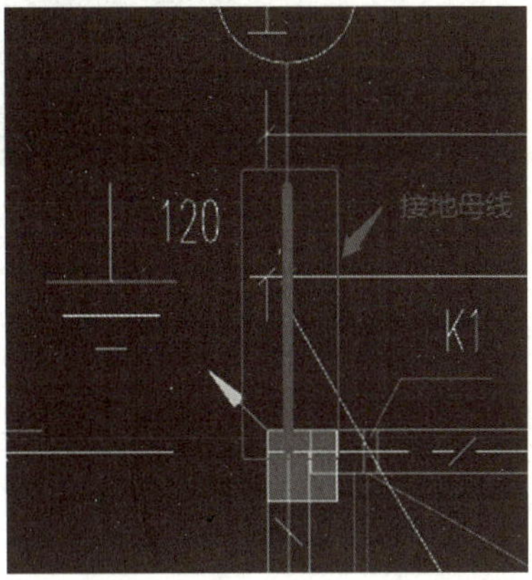

图 2-135　生成接地母线图

二、接地电阻断接卡子

单击"建模"选项卡"识别防雷接地"面板中的"设备提量"按钮，根据状态栏提示，点选或框选断接卡子图例和文字（可以不选），单击鼠标右键确认，弹出"选择要识别成的构件"对话框，反建接地断接卡子构件，根据图纸设计要求进行属性编辑，编辑完成确定无误后，单击"确认"按钮，生成接地断接卡子模型（图 2-136 ～图 2-138）。

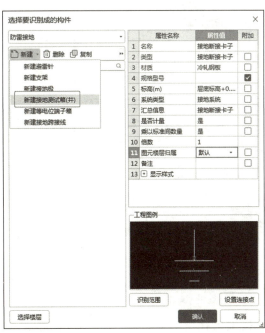

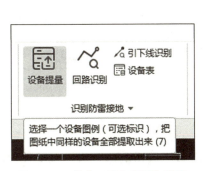

图 2-136　单击"设备提量"按钮

图 2-137　新建构件及属性编辑

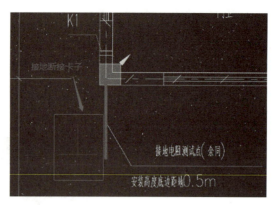

图 2-138　选择图元

接地断接卡子

三、基础接地网建模

单击"建模"选项卡"识别防雷接地"面板中的"回路识别"按钮，根据状态栏提示，点选回路中的任意段 CAD 线，单击鼠标右键确认，弹出"选择构件"对话框，反建接地网构件，根据图纸设计要求进行属性编辑，编辑完成确定无误后，单击"确认"按钮，生成接地网模型（图 2-139、图 2-140）。

基础接地网

图 2-139　单击"回路识别"按钮

图 2-140　接地网属性编辑

四、桩基接地极

桩基接地极在接地平面图中没有对应图元，只能采用表格输入方式进行工程量统计。

根据桩基结构平面设计图统计总共有 90 根桩基。

单击"建模"选项卡"表格算量"面板中的"表格算量"按钮，弹出"表格算量"对话框，单击"添加"后的下拉按钮，在下拉列表中选择"防雷接地（电）"选项，根据设计信息进行桩基接地极属性信息编辑（图 2-141、图 2-142）。

桩基接地极

图 2-141　选择表格算量

图 2-142　新建构件

五、避雷网构件建模

（1）避雷网图层显示。单击"视图"选项卡"用户界面"面板中的"图层管理"按钮，弹出"图层管理"对话框，单击"仅显示指定 CAD"按钮，弹出显示条件选项框，点选"按图层选择"条件，关闭"图层管理"对话框，鼠标光标移动到绘图区，单击避雷网 CAD 线，单击鼠标右键确认，此时仅显示避雷网图元，其他图元隐藏（图 2-143、图 2-144）。

（2）避雷网识别建模。单击"建模"选项卡"识别防雷接地"面板中的"回路识别"按钮，鼠标光标移动到绘图区，单击避雷网中任意段 CAD 线，同时补全单击遗漏部分，全部选中后单击鼠标右键确认，弹出"选择构件"对话框，在对话框中新建避雷网构件，并进行属性编辑，同时最后要进行分段个性化属性编辑（图 2-145）。

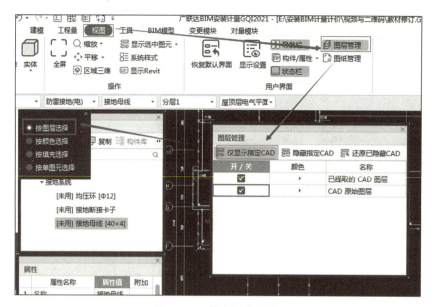

图 2-143　单击相应按钮

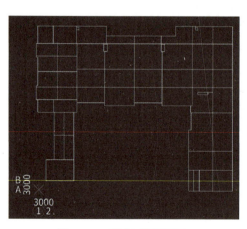

图 2-144　调出避雷网图元

图 2-145　新建避雷网

（3）避雷网支架。单击"建模"选项卡"识别防雷接地"面板中的"设备提量"按钮，鼠标移动到绘图区，根据状态栏提示，点选或框选支架对应图例和文字，单击鼠标右键确认，弹出"选择要识别成的构件"对话框，新建支架，根据设计图纸进行属性编辑后，单击"确定"按钮，完成支架识别建模（图 2-146）。

避雷网

图 2-146 新建支架

六、避雷引下线建模

绘图区切换到屋顶层电气平面图，在导航栏中选择"防雷接地（电）（J）"，单击"建模"选项卡"识别防雷接地"面板中的"引下线识别"按钮，鼠标光标移动到绘图区，单击引下线图例，单击鼠标右键确认，弹出"选择构件"对话框，新建避雷引下线构件，根据设计图纸进行属性编辑后，单击"确定"按钮，弹出"立管标高设置"对话框，重新进行标高设置后，单击"确定"按钮，完成避雷引下线建模，后续需要进行个性化属性编辑（图 2-147、图 2-148）。

避雷引下线

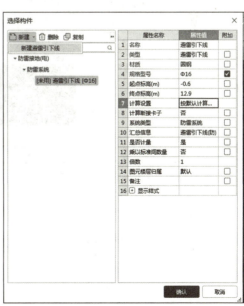

图 2-147 单击"引下线识别"按钮　　　　**图 2-148 新建避雷引下线**

七、接地跨接线

接地跨接属于点试构件，接地跨接处主要计算位置包括引下线与基础接地网钢筋连接时每一处计算一次接地跨接；总等电位端子箱与接地网采用扁钢连接时计算一次跨接；局部等电位端子箱与结构板内钢筋连接时计算一次跨接；金属窗接地母线与结构板之间的连接计算一次跨接等。

接地跨接线定额中按处计算，可以利用软件中表格算量功能进行统计计算，参照前面桩基接地极的方法操作即可。

八、等电位端子箱

等电位端子箱可分为总等电位箱和局部等电位箱。总等电位箱一般位于接地平面图中；局部等电位箱一般位于每层电气平面图卫生间里，可以在电气图纸中识别建模统计工程量。

单击"建模"选项卡"识别防雷接地"面板中的"设备提量"按钮，根据状态栏提示，在绘图区中点选或框选总配电箱图标和标识，单击鼠标右键确认，弹出"选择要识别成的构件"对话框，根据设计总等电位箱的信息进行属性编辑后，单击"选择楼层"按钮，弹出"选择楼层"对话框，选择一层接地平面图后连续单击"选择楼层"和"选择要识别成的构件"对话框中的"确定"按钮后，弹出识别成功的"提示"对话框，完成总等电位箱建模（图2-149、图2-150）。

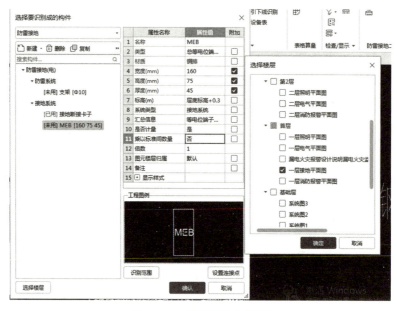

图2-149　新建总等电位箱

图2-150　识别成功提示

局部等电位箱操作方法同总等电位箱操作过程，不再赘述。

九、工程量计算

完成防雷接地平面图图元构件模型建模后，可以进行工程量汇总计算。单击"工程量"选项卡"汇总"面板中的"汇总计算"按钮，弹出"汇总计算"对话框，选择"楼层列表"中的全部层后，单击"计算"按钮执行计算。通过"查看报表"→"工程量汇总表"→"设备"可以查看计算结果（图 2-151、图 2-152）。

图 2-151　选择楼层汇总计算

图 2-152　工程量计算

任务五　文件报表设置和工程量输出

任务描述

了解不同类型报表的特点，根据预算需求设置个性化报表，同时导出符合要求的工程量汇总计算表格。

任务分析

（1）找出各种报表在软件中的位置，打开不同类型报表页面，了解各种类型工程量统计报表的特点。

（2）选择一种类型的报表，同时选择一种类型的设备或管线，在报表设置器中进行报表分类条件、级别及报表工程量内容的设置。

（3）尝试不同类型报表的导出操作，同时尝试进行导出报表内容的修改操作。

 **任务目标**

了解安装工程预算书各种类型报表的格式和内容要求；熟悉软件界面工程量汇总计算、报表设置和报表导出命令的操作步骤与方法。

 任务实施

单击"工程量"选项卡"报表"面板中的"查看报表"按钮进入报表预览界面后，可以看到界面显示四种类型的工程量统计表，包括"工程量汇总表""系统汇总表""工程量明细表"和"工程量清单汇总表"，可以根据需要进行管线或设备设施等构件工程量的查看（图 2-153）。

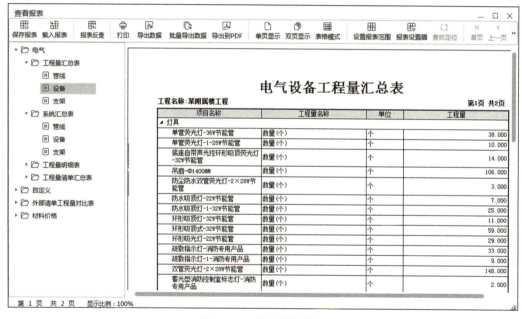

图 2-153　报表预览界面

一、报表设置

工程量汇总计算结果报表表现形式可以根据软件中"报表设置器"设置分类条件自动进行分类，管线和设备都可以设置分类条件。

以配管配线工程量为例，在"分类条件"下根据需要选择"名称"为二级分类条件，在"级别"下根据需要选择对应的"二级"为分类条件的级别（这里选择"二级"），当对应的"分类条件"和"级别"选择完成后，中间的"移入"和"移出"按钮由灰色变成深色可调状态，可以对前面的"分类条件"和对应"级别"下的属性名称进行"移入"和"移出"操作，完成前面操作后单击"确认"按钮完成报表设置（图 2-154～图 2-156）。

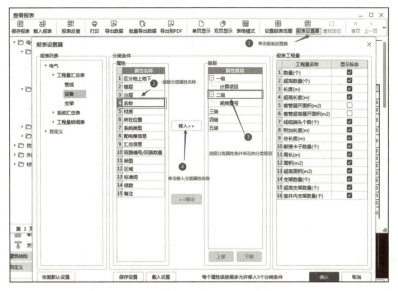

图 2-154　报表设置器设置分级条件

图 2-155　勾选不需要的条件并移出

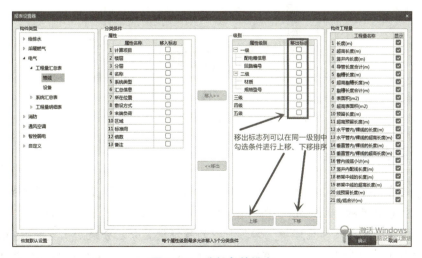

图 2-156　分级条件排序

二、工程量报表导出

单击"导出数据"按钮，在下拉列表中选择"导出到 Excel 文件"或"导出到已有的 Excel 文件"选项，可以把对应管线、设备设施的工程量统计结果导出到对应的 Excel 表格文件中，也可以选择"导出到 PDF"文件中。还可以选择"批量导出数据"，具体操作比较简单，不再赘述（图 2-157、图 2-158）。

报表设置

图 2-157　选择导出报表

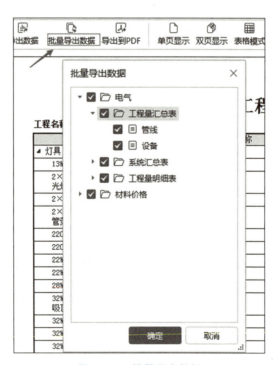

图 2-158　批量导出数据

 任务考核评价

任务考核采用随堂过程分级考核和课后开放课程网上综合测试考核相结合的方式。

随堂课程分级考核可以采用课堂讨论、问答和针对必要任务进行实战演练的方式进行，需要教师根据课堂内容及学生理解、掌握知识的程度设置分层分级知识点问题和考核任务。

网上综合测试考核需要建立题库，实现随机组卷，学生自主安排测试时间（教师可以设定测试期限并决定是否允许学生延迟或反复测试），题型比较灵活。

 综合实训

综合实训一：总配电箱 AP、同层配电箱 AL11、跨层配电箱 AL21 的识别建模。

实训目的：正确读取配电箱建模信息；能进行配电箱属性建立；掌握配电箱识别建模方法。

实训准备：根据规范标准充分识读电气工程施工图，读取配电箱关键信息；熟悉软件关于配电箱识别建模的步骤和方法。

实训内容和步骤：新建工程项目 →CAD 图纸导入 → 比例设置 → 图纸分割 → 图纸定位 → 材料表识别 → 配电箱识别 → 属性修改 → 读取系统图 → 系统图修改 → 配电箱识别完成。

根据项目内容组织学生进行实际的演练，需要列出实训的目的、需要准备的材料、内容及步骤。

综合实训二：完成总配电箱 AP 到同层配电箱 AL11、跨层配电箱 AL21 管线识别建模。

实训目的：通过正确读取配电箱 AP 与同层配电箱 AL11、跨层配电箱 AL21 间的回路信息，掌握电气工程回路信息读取方法和技巧；会选择合适的建模方法进行不同敷设方式回路的管线建模。

实训准备：根据规范标准充分识读电气工程施工图，读取对应回路管线关键信息；熟悉软件关于管线识别建模的步骤和方法。

实训内容和步骤：电缆导管 → 选择单回路识别命令 → 回路识别 → 确认单回路信息 → 完成回路图元识别绘制。

 同步测试

一、判断题

1. 广联达 BIM 安装计量 GQI2021 软件可以同时计量和计价，汇总计算各项费用得出项目工程造价。（   ）

2. 在广联达 BIM 安装计量 GQI2021 软件中必须在新建工程项目时就选择确定好清单库和定额库。（   ）

3. 如果要进行模型构件碰撞检查和精细化管理，应该选择三维分层建模方式。（   ）

4. 图纸分层后其对应自然楼层与模型分层可以相互对立。（   ）

5. 为了保证模型的整体性，图纸定位时，相邻楼层定位位置可以错开定位。（   ）

6. 楼层设置时，可以取消勾选"首层"复选框。（   ）

7. 配电箱可以用识别配电箱柜面板中的设备表命令进行识别建模。（   ）

8. "设备提量"命令可以在对设备构件识别建模的同时进行构件属性的建立。（   ）

9. 管线识别时，配管构件可以在电缆导管（电）（L）或电线导管（电）（X）下进行识别建模。 （ ）

10. 如果一个电气回路线缆敷设方式是桥架+配管，可以利用单回路命令，一次性完成配管和桥架内线缆的布置。 （ ）

二、单项选择题

1. 打开广联达 BIM 安装计量 GQI2021 软件后，新建工程时信息设置项内容和顺序正确的是（ ）。

    A. 工程名称、工程专业、计算规则、清单库和定额库

    B. 专业名称、计算规则、清单库和定额库

    C. 工程专业、工程名称、计算规则、定额库

    D. 专业名称、计算规则、定额库

2. 软件内置电缆进入建筑物的预留长度是（ ）m。

    A. 1.5   B. 2.5   C. 1.0   D. 2.0

3. 电缆、导线预留长度和接线盒生成规则内置在软件的（ ）里。

    A. 计算设置   B. 其他设置   C. 设计说明   D. 工程设置

4. 构件属性面板中蓝色字体属性特征描述正确的是（ ）。

    A. 私有属性

    B. 修改时不会会引起相同名称构件属性变化

    C. 共有属性

    D. 修改时只对具体选中构件属性产生影响

5. 图纸预处理顺序正确的是（ ）。

    A. 导入图纸 → 图纸定位 → 图纸分割 → 图纸比例设定

    B. 导入图纸 → 图纸分割 → 图纸定位 → 图纸比例设定

    C. 导入图纸 → 图纸比例设定 → 图纸定位 → 图纸分割

    D. 楼层设置 → 导入图纸 → 图纸定位 → 图纸分割

6. 照明器具识别建模时，下面的操作命令可以在完成构件建立的同时完成图元模型识别的是（ ）。

    A. 设备提量   B. 一键提量   C. 系统图   D. 材料表

7. 不同时具备设备提量、一键提量、系统图和材料表四种相同功能命令的电气构件是（ ）。

    A. 配电箱   B. 照明器具   C. 电气设备   D. 开关插座

8. 可以直接通过识别 CAD 图元自动反建的构件是（ ）。

    A. 配电箱   B. 桥架   C. 照明器具   D. 配管配线

9. 软件桥架计算高度设置是（ ）。

    A. 管中   B. 管顶   C. 管底   D. 待定

10. 在广联达 BIM 安装计量 GQI2021 软件工作界面中批量选择所有楼层图元构件操作步骤正确的是（ ）。

    A. 建模 → 批量选择 → 取消当前楼层和当前分层 → 勾选对应楼层对应构件

B. 建模 → 批量选择 → 勾选对应楼层对应构件

C. 绘图区切换楼层 → 批量选择 → 勾选对应楼层对应构件

D. 建模 → 批量选择 → 绘图区切换楼层 → 勾选对应楼层对应构件

11. 利用"一键提量"命令进行插座的构件属性定义时，构件属性定义对话框中其对应构件列操作正确的是（　　）。

    A. 双击单元格 → 开关插座（电）→ 插座（只连单立管）

    B. 双击单元格 → 开关插座（电）→ 插座（可连多立管）

    C. 单击单元格 → 开关插座（电）→ 插座（可连多立管）

    D. 单击单元格 → 开关插座（电）→ 其他（可连多立管）

12. 某配电箱系统图中 WL1 WDZA YJY 5×10 CT SC40 WC 含义解释正确的是（　　）。

    A. 配电箱回路编号 WL1 无卤低烟阻燃 A 级 5 芯铜芯电力电缆，每根芯截面为 $10\,mm^2$，电缆沿桥架或穿管沿墙敷设

    B. 配电箱回路编号 WL1 无卤低烟阻燃 A 级 5 芯铜芯电力电缆，每根芯截面为 $10\,mm^2$，电缆穿管沿楼板或墙敷设

    C. 配电箱回路编号 WL1 无卤低烟阻燃 A 级 5 芯铝芯电力电缆，每根芯截面为 $10\,mm^2$，电缆穿管沿楼板或墙敷设

    D. 配电箱回路编号 WL1 无卤低烟阻燃 A 级 5 芯铝芯电力电缆，每根芯截面为 $10\,mm^2$，电缆沿桥架或穿管墙敷设

13. 单回路识别电缆导管操作正确的是（　　）。

    A. 确认起点配电箱 → 选择 CAD 线 → 选择回路编号

    B. 确认起点配电箱 → 选择回路编号 → 选择 CAD 线

    C. 选择 CAD 线 → 选择回路编号 → 确认起点配电箱

    D. 选择 CAD 线 → 确认起点配电箱 → 选择回路编号

14. 电缆导线按系统布线时操作步骤正确的是（　　）。

    A. 单击"按系统布线"按钮 → 选择起点配电箱 → 选择终点配电箱 → 选择回路构件并确认

    B. 单击"按系统布线"按钮 → 选择起点配电箱 → 选择回路构件并确认

    C. 选择起点配电箱 → 选择终点配电箱 → 选择回路构件并确认

    D. 单击"按系统布线"按钮 → 选择起点配电箱 → 选择回路构件并确认 → 选择终点配电箱

15. 利用"设置起点"和"选择起点"命令识别桥架内线缆时，下列说法中正确的是（　　）。

    A. "设置起点"命令的操作对象是起点配电箱

    B. "设置起点"命令的操作对象是连接起点配电箱的桥架或配管

    C. "选择起点"命令的操作对象是回路终端桥架相连的水平配管

    D. "选择起点"命令的操作对象是回路终端设备

16. 关于广联达 BIM 安装计量 GQI2021 软件中工程量报表的类型，下列说法中正确的是（　　）。

    A. 包括工程量汇总表、系统汇总表、工程量明细表、工程量清单汇总表 4 种类型

B. 包括工程量汇总表、系统汇总表、工程量明细表 3 种类型

C. 包括工程量汇总表、系统汇总表、工程量清单汇总表 3 种类型

D. 包括工程量汇总表、工程量明细表、工程量清单汇总表 3 种类型

17. 关于广联达 BIM 安装计量 GQI2021 软件套清单命令，下列说法中正确的是（   ）。

    A. 可以利用"自动套用清单"命令实现清单套用，但不能自动匹配清单特征和自动套用定额

    B. 可以利用"自动套用清单"命令实现清单套用，同时也可以利用"匹配项目特征"自动匹配清单项目特征，但不能自动套用定额

    C. 可以自动套清单、匹配清单特征和自动套定额

    D. 不能自动套清单、匹配清单特征和自动套定额

18. 打开的软件工作界面是由软件用户界面的功能命令来控制的，关于用户界面面板包括的功能命令，下列说法中正确的是（   ）。

    A. 包括显示设置、导航栏、构件 / 属性、状态栏命令，但不包括图层管理和图纸管理命令

    B. 包括显示设置、导航栏、图层管理和图纸管理命令，但不包括构件 / 属性、状态栏命令

    C. 不包括显示设置和状态栏命令

    D. 包括显示设置、导航栏、构件 / 属性、状态栏、图层管理和图纸管理等命令

三、简答题

1. 图纸导入时两种分层模式的区别是什么？

2. 图纸分层（非楼层）需要考虑哪些因素？

3. 如何进行图纸的定位？

4. 配电箱柜的识别方式有哪些，除直接利用菜单命令进行识别外，还可以在什么情况下进行配电箱柜识别？

5. 如何利用"一键提量"功能进行点式设备建模算量？

6. 配管配线有哪几种情形，"桥架＋配管"敷设方式如何进行布线？

7. 配管配线中的设置起点和选择起点需要满足什么条件才能操作？

8. 配管连接配电箱时如何设置配管伸入配电箱的位置？

9. 桥架节点如何操作生成？

10. 桥架两端连接配电箱时，如何进行桥架布线？

11. 在配电箱回路中，导线规格型号不同时如何在导线信息编辑时进行设置？

12. 如何进行不同图纸模型的整合？

13. 如何进行报表输出条件的分级条件设置？

 案例分析

一、工程设计说明信息

附属楼工程地上 3 层，主体高度为 11.7 m，建筑面积为 4 986.7 m²。电气部分设计说明如下。

1. 照明配电

照明插座采用不同回路供电，配电线路均采用 BV-450/750 型铜芯导线，插座回路为 WDZA BYJ2×2.5+PE 2.5 导线，穿 JDG 管沿桥架安装或墙面暗敷；照明回路为 WDZA BYJ2×2.5+PE 2.5 JDG20 导线，穿 JDG 管沿桥架安装或顶板暗敷；消防应急疏散照明采用 WDZAN BYJ3×2.5+PE2.5 导线，穿 JDG 管沿墙或顶板暗敷，Ⅰ类灯具设接地线。所有插座回路（壁挂式空调插座除外）均设剩余电流断路器保护。

2. 电缆、导线敷设

（1）从附属楼专变低压柜至强电井动力柜的消防干线采用 WDZAN YJY 电力电缆，非干线采用 WDZA YJY 电力电缆，电缆沿桥架敷设。由动力配电箱至各用电设备采用桥架敷设且均采用低烟无卤型普通电缆，应急电源主、备电缆在桥架内采取隔离措施。主干线若不敷设在桥架上，应穿热镀锌钢管（SC）敷设。

（2）应急照明支线穿 JDG 管暗敷在楼板或墙内或吊顶内，由顶板接线盒至吊顶灯具穿耐火波纹管，普通照明支线穿 JDG 管暗敷在楼板或吊顶内。

（3）PE 线必须用绿/黄导线或标识。

（4）平面图中所有回路均按回路单独穿管，不同支路不应共管敷设。各回路 N.PE 线均从箱内引出。

（5）室外穿管线路埋深不小于 0.7 m，进户处不小于 0.3 m。

3. 防雷接地

（1）防雷。

1）接闪器：在屋顶采用 ϕ12 热镀锌圆钢明敷组成不大于 10×10 m 或 12×8 m 的接闪带。接闪带应设置在外墙外表面或屋檐边垂直面上。

2）引下线：利用建筑物钢筋混凝土柱子或剪力墙内两根 ϕ16 以上主筋通长连接作为引下线，引下线间距不大于 18 m。所有外墙引下线在室外地面下 1 m 处引出一根 40×4 热镀锌扁钢，扁钢伸出室外，与外墙皮的距离不小于 1.5 m。

3）接地网：接地极为建筑物桩基、基础底板轴线上的上、下两层主筋中的各两根通长焊接形成的基础接地网。

4）引下线上端与接闪带焊接，下端与接地极焊接。外墙引下线在室外地面上 0.5 m 处设置测试卡子。

（2）接地。

1）在基础内设 40×4 镀锌扁钢并与桩基及条形基础内两根主筋焊接成电气通路，组成总等电位联结线。本工程低压配电系统的接地形式采用 TN-C-S 制，在幼儿园专变内设置总等电位联结箱（MEB）。由配电房低压进线柜开始 N 与 PE 线严格分开。在建筑物的地下室或地面层处，下列物体与防雷装置做防雷等电位联结：建筑物金属体；金属装置；建筑物内系统；进出建筑物的金属管线。建筑物内金属桥架采用 40×4 热镀锌扁钢不少于两处与接地干线可靠焊接，且沿桥架通长敷设一根 40×4 热镀锌扁钢与桥架支架及桥架可靠连接。总等电位联结箱与钢筋混凝土基础等可靠联结。总等电位联结线采用 BVR-25 mm 导线穿 PC32 钢管。有洗浴设施的卫生间设置辅等电位联结（LEB）应把所有能同时触及的电气设备外壳可导电部分，各种金属管、楼板钢筋及所有保护线连接。接地装置的施工及做法参照国家建筑标准图集《接地装置安装》（03D501-4）、《等电位联结安装》

（02D501-2）。

2）电气线路保护及敷设说明：JDG 穿 JDG 管配线；SC 镀锌钢管配线；PC 穿阻燃聚氯乙烯管敷设；WC 在墙体内暗敷；FC 在楼板内敷设；CT 在桥架内敷设；CC 暗敷设在屋面或顶板内；WS 沿墙体明敷。

案例完整 CAD 图纸可以通过链接 https：//kdocs.cn/l/coPuCZnC9uOk 或扫描二维码查看下载。

某附属楼工程电气图

二、关键图纸信息分析

1. 电源分配关系

（1）一级电源分配。专变低压出线柜（一层）连接到一层的配电箱柜，包括 AT-XK、AT-GY、ATE-GY、AP-KT、AP、AP-CF，连接到箱柜包括 AP-JG、AP-RS，连接到屋顶箱柜包括 AP-XHB。

（2）二级电源分配。

1）二级电源分配到一层配电箱。

①配电箱 AT-GY 连接到一层配电箱 AL1-GY1、AL1-GY2；

②配电箱 ATE-GY 连接到一层配电箱 ATE1-GY1、ATE2-GY2；

③配电箱 AP-KT 连接到一层配电箱 AL1-KT1、AL1-KT2；

④配电箱 AP 连接到一层配电箱 AL11、AL12、AL1-GB。

2）二级电源分配到二层配电箱。

①配电箱 AT-GY 连接到二层配电箱 AL2-GY；

②配电箱 ATE-GY 连接到二层配电箱 ATE2-GY；

③配电箱 AP-KT 连接到二层配电箱 AL2-KT1、AL2-KT2；

④配电箱 AP 连接到二层配电箱 AL21、AL22。

3）二级电源分配到三层配电箱。

①配电箱 AT-GY 连接到二层配电箱 AL3-GY；

②配电箱 ATE-GY 连接到二层配电箱 ATE3-GY；

③配电箱 AP-KT 连接到二层配电箱 AL3-KT、AP-ST；

④配电箱 AP 连接到二层配电箱 AL3。

（3）三级电源分配。三级电源分配均为各楼层配电箱直接连接电气设备，包括插座、灯具、开关及其他设备的回路电源输送分配。

2. 管线、设备关键信息读取

（1）连接配电箱各回路管线信息可以通过配电干线图和配线箱系统图中各回路标注信息提取。

（2）设备、构件关键算量信息通过设计说明和图例表提取。

（3）防雷接地系统关键信息通过图纸结合设计说明提取。

三、软件操作

本部分涉及的电气设备构件及管线回路的软件命令操作方法和步骤均已经在对应任务执行时进行了详细的分析说明，所以此处不再赘述。

项目三

消防电气系统 BIM 建模算量

📁 项目介绍

分析识读消防电气工程图纸，读取算量关键信息 → 完成软件工程项目设置，进行 CAD 图纸管理 → 完成消防电气工程建模算量 → 进行工程量报表设置和工程量输出。

💡 知识目标

（1）熟悉消防电气工程施工图识读方法。

（2）掌握消防电气工程软件建模算量思路及方法。

（3）掌握消防电气工程文件报表的设置及工程量输出方法。

⚙ 技能目标

（1）能够根据计算规则进行报警主机、点型光电式感烟探测器、点型光电式感温探测器、隔离模块、手动报警按钮（带电话插孔）、火灾楼层显示盘、消火栓按钮、消防广播、火灾声光警报器、消防接线箱、输入输出模块、广播模块、输入模块、非消防电源配电箱等火灾自动报警及消防联动控制系统设备和电气火灾监控器、温度探测器和剩余电流探测器、电气火灾监控主机等漏电火灾报警系统设备的识别建模。

（2）能够根据图纸信息识别、绘制消防电气工程管线及桥架。

（3）能够对电气照明工程构件进行汇总计算，并根据需要进行报表设置和工程量输出。

📝 素质目标

（1）培养高尚的职业情操，提高自身职业认知能力和判断力。

（2）遵纪守法，坚持底线原则，树立正确的价值观。

（3）注重细节，不投机取巧，具备良好的职业素养。

📘 案例引入

本项目为某附属楼消防电气工程（CAD 电子图纸可以扫描本项目案例分析中的二维码进行下载），根据用途主要可分为火灾自动报警及消防联动控制系统、漏电火灾报警系统两部分。利用广联达 BIM 安装计量 GQI2021 软件对项目中的火灾自动报警及消防联动控制系统量、漏电火灾报警系统两部分进行建模算量。

任务一　新建工程项目与 CAD 图纸管理

任务描述

（1）识读附属楼消防电气工程图纸，读取项目新建关键信息。

（2）新建消防电气工程项目，进行正确的 CAD 图纸管理。

任务分析

（1）通过分析附属楼消防电气工程图纸，了解建筑面积、结构类型、楼层标高、基础埋深等设计信息，新建消防电气工程项目。

（2）导入 CAD 图纸，正确进行 CAD 电子图纸在软件中的比例设置、分割和定位。

任务目标

了解消防电气工程相关制图规范、标准和图集；掌握软件工程项目新建和 CAD 图纸管理功能命令的操作步骤与方法。

任务实施

由于消防电气工程图纸和电气照明工程图纸一起导入软件，所以这里不再赘述消防电气系统的新建工程和 CAD 图纸管理内容。也可以将消防电气系统的图纸单独分割处理，再导入，重新进行新建工程和 CAD 图纸的管理。

任务二　火灾自动报警及消防联动控制系统建模算量

任务描述

（1）识读附属楼消防电气工程图纸，读取火灾自动报警及消防联动控制系统部分算量关键信息。

（2）完成火灾自动报警及消防联动控制系统对应构件模型的建立和工程量的汇总计算。

任务分析

（1）按消防设计说明→火灾自动报警及消防联动控制系统图→配电箱系统图→各层消防报警平面图的顺序识读，理解消防电气系统信号线、电源线、二总线直通电话、广播线的起止点、布置路径和管线材料、规格型号等信息。

（2）按一定的顺序和正确的方法完成报警主机、点型光电式感烟探测器、点型光电式感温探测器、隔离模块、手动报警按钮（带电话插孔）、火灾楼层显示盘、消火栓按钮、消防广播、火灾声光警报器、消防接线箱、输入输出模块、广播模块、输入模块、非消防电源配电箱等火灾自动报警及消防联动控制系统设备的属性设置和模型建立，同时进行回路管线模型的建立。

（3）消防电气系统构件模型建立后，进行工程量的汇总计算、查询和报表设置。

 任务目标

了解火灾自动报警及消防联动控制系统工程相关制图规范、标准和图集；火灾自动报警及消防联动控制系统工程施工图的识读方法和技巧；火灾自动报警及消防联动控制系统设备构件、材料的用途、属性和安装要求；软件中对相应各构件建模算量功能命令的操作步骤和方法等。

 任务实施

本工程消防报警系统采用集中报警系统。工程设计范围包括火灾自动报警及消防联动控制两大模块，具体包括火灾自动报警系统、消防联动控制系统、火灾广播系统、直通对讲电话系统、火灾声光报警系统，共五个系统。整个工程内容涉及的线路包括火灾报警总线、消防电话总线、DC24 V 电源线、消防广播通信线和 RS-485 通信总线 +DC24 V 直流电源线五种线路。消防器具设备主要包括报警主机、点型光电式感烟探测器、点型光电式感温探测器、隔离模块、手动报警按钮（带电话插孔）、火灾楼层显示盘、消火栓按钮、消防广播、火灾声光警报器、消防接线箱、输入输出模块、广播模块、输入模块、非消防电源配电箱等。此外，工程量计算时还有无法建模的预算项目，即各种系统调试工程量，可以通过表格输入的方式进行工程量计算，无须建模。

一、消防报警系统器具、设备建模

（1）点型光电式感烟探测器。点型光电式感烟探测器可以利用设备提量建模功能进行识别建模，绘图区切换到一层消防报警平面图，在导航栏树状列表中选择消防专业中的"消防器具（消）（Y）"，在右侧构件列表面板中单击"新建"行右端双三角按钮，弹出软件消防器具"构件库"对话框，可以看出感烟探测器属于消防器具构件类别（图 3-1）。

1）属性定义。单击"建模"选项卡"识别消防器具"面板中的"设备提量"按钮，鼠标光标移动到绘图区，根据状态栏提示，点选或框选 CAD 图纸中点型光电式感烟探测器任一图例和文字，单击鼠标右键确认后弹出"选择要识别成的构件"对话框，可以在对话框中单击"新建"按钮右侧下拉按钮新建消防器具，也可以在构件库中选择符合要求的消防器具双击所在行直接新建，此处直接在下拉列表中新建感烟探测器（图 3-2）。

新建构件后，对应构件属性面板中参数默认值需要按工程实际进行编辑调整。由于该类型探测器属于吸顶安装，选择新建消防器具"只连单立管"，参数编辑修改结果如图 3-3所示。

图3-1　打开构件库

图3-2　新建构件

图3-3　属性编辑

2）构件建模。构件属性完成后，单击"楼层"按钮，弹出"选择楼层"对话框，进行构件识别的楼层范围选择，此处暂选"一层消防报警平面图"，分别单击"选择楼层"和"选择要识别成的构件"对话框中的"确定"按钮，完成一层所有点型光电式感烟探测器的建模。

（2）其他消防器具、设备建模。下面采用"一键提量"方式一次性把所有点式构件、设备识别建模完。对于点式构件可以采用"一键提量"方式进行属性定义和构件模型建立，此处在对点型光电式感烟探测器进行"一键提量"识别建模的同时，一起对其他消防器具进行识别建模。

点型光电感烟探测器

在导航栏树状列表中选择"消防器具（电）（Y）"，单击"建模"选项卡"识别消防器具"面板中的"一键提量"按钮，弹出"构件属性定义"对话框，删除不需要的行和列，同时，根据构件实际属性值进行编辑和调整，在编辑过程中可以通过双击图例所在单元格对构件在CAD图纸中的位置和信息进行反查。

消防器具属性编辑完成后不要立即单击"确定"按钮，此时需要进行楼层选择，这里只勾选消防器具所在的施工平面图，单击"选择楼层"对话框中的"确定"按钮后，再单击"构件属性定义"对话框中的"确定"按钮即完成构件属性定义和模型建立（图3-4～图3-7）。

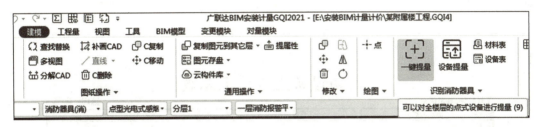

图3-4 单击"一键提量"按钮

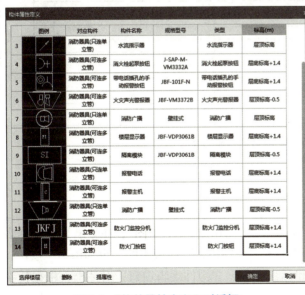

图3-5 图元反查

图3-6 "构件属性定义"对话框

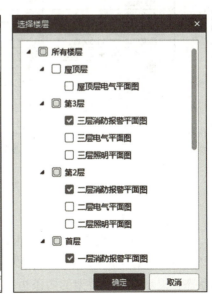

图3-7 选择楼层

（3）其他未识别构件建模。如果发现没有被"一键提量"识别建模的构件可以执行设备提量功能再次识别。此外，当同一层平面图中同一种构件通过设备提量后剩下部分无法再通过设备提量识别建模的构件，可以执行复制已经识别的构件方式布置。

配电箱的识别与电气照明工程中配电箱的识别方法相同，但需要在消防系统工程里执行配电箱的识别功能。已经识别完成的无须再次进行识别。

（4）消防器具、设备工程量计算。单击"工程量"选项卡"汇总"面板中的"汇总计算"按钮，执行消防火灾自动报警及消防联动控制系统工程量计算。工程量汇总计算完毕后，单击"报表"面板中的"查看报表"按钮，弹出"查看报表"对话框，在左侧专业选择列中选择"消防"专业，单击打开该专业工程量计算包，顺序单击"工程量汇总表"→"设备"，弹出"消防设备工程量汇总表"对话框（图 3-8）。

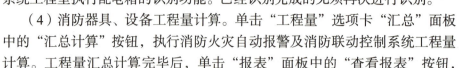

消防设备工程量汇总表

工程名称：某附属楼工程　　　　　　　　　　　　　　　　　　　　　第1页 共1页

项目名称	工程量名称	单位	工程量
配电箱柜			
P-500*400*200	数量(个)	个	26.000
XF1-400*300*200	数量(个)	个	1.000
XF2-400*300*200	数量(个)	个	1.000
XF3-400*300*200	数量(个)	个	1.000
消防器具			
报警电话-<空>	数量(个)	个	1.000
报警主机-<空>	数量(个)	个	1.000
带电话插孔的手动报警按钮-JBF-101F-N	数量(个)	个	9.000
点型光电式感温探测器-JTW-ZD-JBF-3110	数量(个)	个	6.000
点型光电式感烟探测器-JTY-GD-JBF-3100	数量(个)	个	266.000
防火门按钮-<空>	数量(个)	个	8.000
防火门监控分机-<空>	数量(个)	个	1.000
隔离模块-JBF-VDP3061B	数量(个)	个	14.000
火灾声光警报器-JBF-VM3372B	数量(个)	个	9.000
楼层显示器-JBF-VDP3061B	数量(个)	个	3.000
水流指示器-<空>	数量(个)	个	3.000
消防广播-壁挂式	数量(个)	个	17.000
消防广播-1-壁挂式	数量(个)	个	19.000
消火栓起泵按钮-J-SAP-M-VM3332A	数量(个)	个	22.000

图 3-8　消防设备工程量汇总表

二、消防管线建模

（1）桥架建模。

1）各层水平桥架建模。绘图区切换到"一层消防报警平面图"，在导航栏树状列表中选择"桥架（消）(W)"，单击"建模"选项卡"识别桥架"面板中的"识别桥架"按钮，根据状态栏提示，选择桥架的两条边线和标识，弹出"构件编辑窗口"对话框，根据桥架的一般属性进行属性参数的编辑调整，单击"确定"按钮后执行桥架模型的建立，桥架按一般属性建立完成后，可以根据各段桥架的特殊属性分别选中，然后在对应属性面板中进行修改即可，以同样方式进行二、三层水平桥架的建模（图 3-9、图 3-10）。

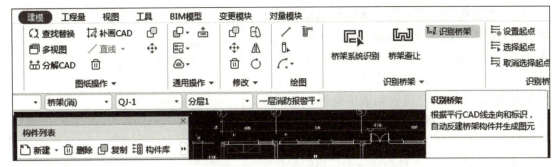

图 3-9　单击"识别桥架"按钮

桥架建模

图 3-10　属性编辑

2）垂直桥架建模。绘图区切换到"一层消防报警平面图",同时在构件列表面板中选择 QJ-1 桥架,在导航栏树状列表中选择"桥架(消)(W)",单击"建模"选项卡"绘图"面板中的"布置立管"按钮,弹出"布置立管"对话框,根据竖向桥架起点、终点标高进行设置,单击"确定"按钮(图 3-11、图 3-12)。

图 3-11　单击"布置立管"按钮

（2）配管配线建模。整个火灾自动报警及消防联动控制系统的管线布置从空间上来看分为两部分，一部分在桥架里，另一部分在桥架外。

1）属性定义。绘图区切换到"一层消防报警平面图"，在导航栏树状列表中选择"电线导管（消）（X）"，在构件列表中新建各类管线构件。在构件列表中，单击"新建"下拉按钮，单击"新建配管"按钮后，软件新建一个规格的配管配线，根据对应回路的实际属性参数进行编辑修改，即可完成一个具体回路配管配线构件的建立。

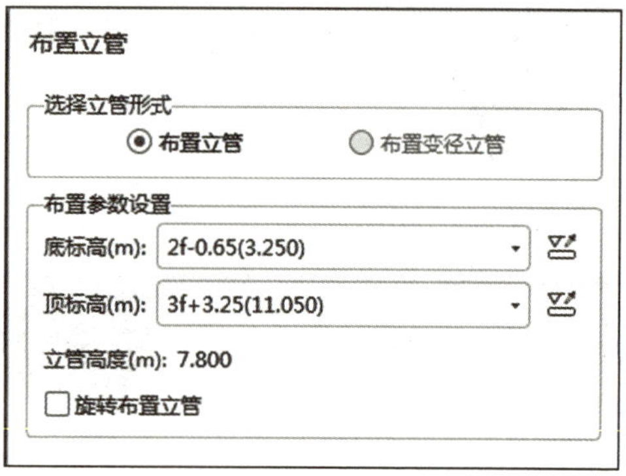

图 3-12　标高设置

①桥架外。24 V 电源线：WDZN-BYJ 2×1.5 SC16；信号总线：WDZN-BYJ 2×1.5 SC16；二总线直通电话：WDZN-BYJ 2×1.5 SC16；广播线：WDZN-BYJ 2×1.5 SC16；楼层显示屏信号线：WDZN-BYJ 2×1.5+WDZN-BYJ 3×2.5 2SC16；防火门监控总线及 24V 电源线：WDZN-BYJ 2×1.5+WDZN-BYJ 2×2.5 2SC16；消防直通电话线：WDZN-BYJ 2×1.5 SC16。

②桥架内。DV24 V 电源线：WDZN-BYJ 3×4 CT；消防电话总线：WDZN-BYJ 2×1.5 CT；消防广播总线：WDZN-BYJ 2×1.5 CT；消防信号总线：WDZN-KYJY 3×2.5 CT；RS-485 通信总线：WDZN-BYJ 2×1.5+WDZN-BYJ 3×2.5 CT。

③24 V 电源线：WDZN-BYJ 2×1.5 SC16。

进行属性编辑时可以利用软件"提属性"功能直接在 CAD 底图中提取对应管线属性信息，然后粘贴到属性框中。单击"绘制"选项卡"构件"面板中的"提属性"按钮，鼠标光标移动到绘图区需要提取信息的文字上，当光标变成"回"字形时单击提取信息，然后在对应构件属性编辑框里对应位置直接粘贴需要的信息即可。

④楼层显示屏信号线：WDZN-BYJ 2×1.5+WDZN-BYJ 3×2.5 2SC16。

在消防专业导航栏树状列表里，选择 24 V 电源线，单击鼠标右键，在快捷菜单中选择"复制"功能，复制一条同样的配管配线，然后在属性面板里对复制的配管配线按照楼层显示屏信号线属性进行编辑调整，楼层显示屏信号线有两个回路，一个回路是 RS-485 通信总线，另一个回路是 DC24 V 直流电源线，因此需要建立两个构件。

其他配管配线构件建立方法与前面类似，不再赘述。

不同回路的配管配线需要分开建立构件，即使 CAD 图纸中是同一根 CAD 线。如楼层显示屏信号线为一根电源线，一根信号线，但在文字信息中是两个回路。在设计说明中该回路是两根 SC16 钢管，虽然 CAD 图纸中只是一根线，但如果此处是一根 SC16 钢管就可以按一个回路建立构件（图 3-13～图 3-17）。

图 3-13　新建配管

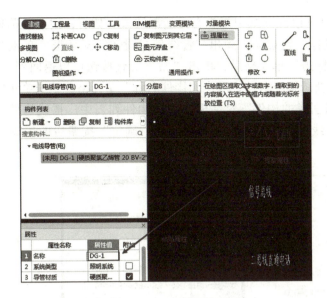

图 3-14　单击"提属性"按钮

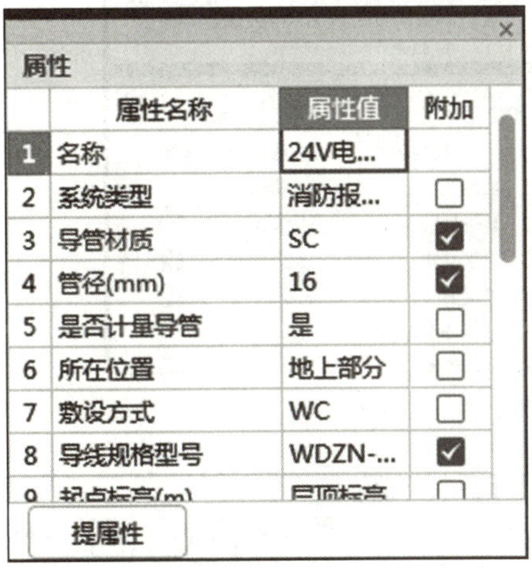

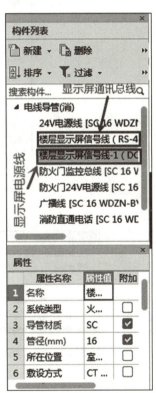

图 3-15　属性编辑

图 3-16　回路信息

图 3-17　构件信息

2）构件建模。

①桥架外布线。

a.桥架外消防广播线：WDZN-BYJ 2×1.5 SC16，一层 XF1 消防端子箱到一层各消防广播线。

在消防专业导航栏树状列表中，选择"电线导管（消）（X）"，在构件列表中选择"广播线"，单击"建模"选项卡"识别电线导管"面板中的"报警管线提量"按钮，弹出"识别规则设置"对话框，根据需要进行识别规则设置，此处默认即可，根据状态栏提示，点选要识别的 CAD 广播线，选中

消防管线构件建立

后 CAD 线变成蓝色，同时可以在图纸中复查有无遗漏线段，如有，则可以单独选中，所有广播线选中后，单击鼠标右键确认，弹出"管线信息设置"对话框。在该对话框中双击对应构件"导线根数 / 标志"单元格后，单击"..."反查按钮可以返回到 CAD 图纸中进行导线根数和标志的重新选择或取消，双击"构件名称"单元格，单击单元格"..."下拉按钮，弹出"选择要识别成的构件"对话框，选择构件列表中广播线构件后单击"确定"按钮，重新返回"管线信息设置"对话框，单击"确定"按钮后即生成广播线模型（图 3-18 ～图 3-23 ）。

图 3-18　选择回路

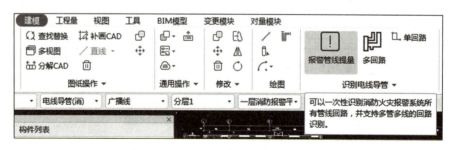

图 3-19　单击"报警管线提量"按钮

图 3-20　识别规则设置

消防广播线
（桥架外）

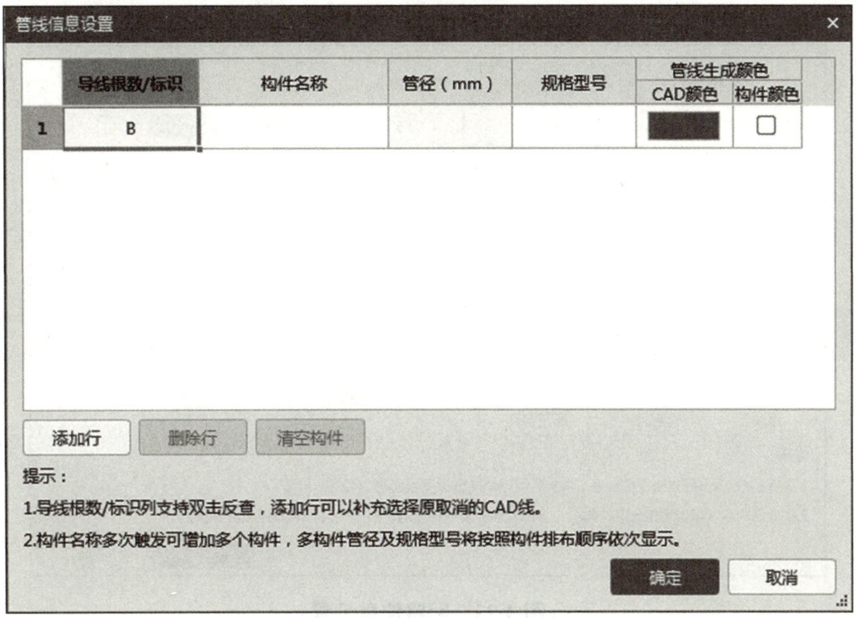

图 3-21 "管线信息设置"对话框

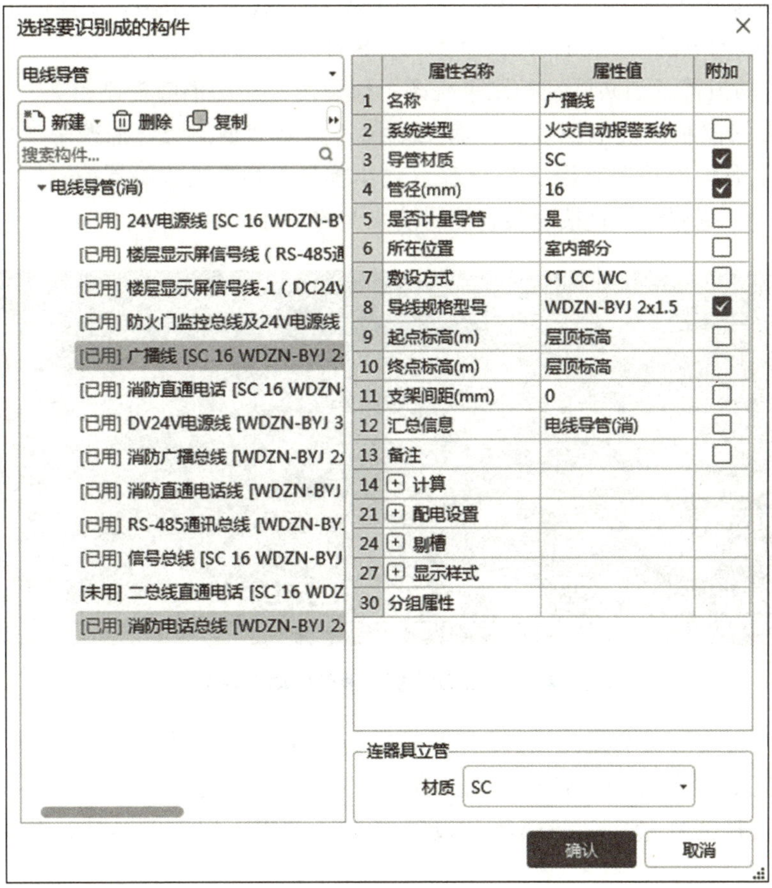

图 3-22 属性编辑

图 3-23　回路信息设置

b. 一层桥架外其他配管配线。

a）一层桥架外 24 V 电源线管线：24 V 电源线管线；一层消防控制箱 XF1 到本层各消防器具设备末端的电源线：WDZN-BYJ 2×1.5 SC16。

从火灾自动报警及消防联动控制系统图可以看出，一层消防控制箱 XF1 到本层各消防器具设备末端的控制模块电源线主要有三个设备，分别是消防广播控制模块 K2（广播模块）、非消防电源配电箱控制模块 K1（输入输出模块）和声光报警器控制模块 K1（输入输出模块）。其中，电源线是直接连接到控制模块上的（图 3-24）。

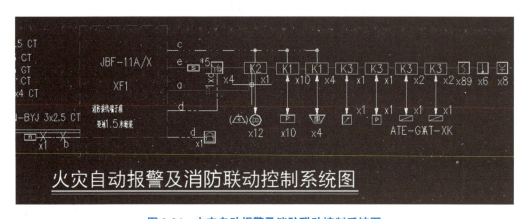

图 3-24　火灾自动报警及消防联动控制系统图

各控制模块实际安装在末端设备器具附近，但图纸中没有给出具体的图例位置，一般布线时以末端设备为定位点即可。最后工程量汇总时需要统计模块工程量和模块到设备间的软管工程量，一般模块和设备器具间采用金属软管连接，长度可以统一近似取 0.8 m。

b）一层消防控制箱 XF1 到一层声光报警器、非消防电源切换箱的电源管线建模。

由于 CAD 设计图纸中电源线和信号线是同样一根线，软件在管线识别时只能按一种用途线型进行识别，所以对电源线分别按不同回路进行手工绘制。

在消防专业下，在导航栏树状列表中选择"电线导管（消）（X）"，在构件列表中选择24 V 电源线管线：WDZN-BYJ 2×1.5 SC16。单击"建模"选项卡"绘图"面板中的"直线"按钮，最后，在绘图区从消防接线箱 XF1 开始，沿着电源线敷设路径进行建模。

c）二总线直通电话线：WDZN-BYJ 2×1.5 SC16；楼层显示屏信号线：WDZN-BYJ 2×1.5+ WDZN-BYJ 3×2.5 2SC16。

d）一层消防控制箱 XF1 到一层消防广播、楼层显示屏的管线建模。

二总线直通电话线及信号总线的建模过程和方法同前面一层 XF1 消防端子箱到一层各消防广播线，可以利用软件的"报警管线提量"命令进行自动识别，楼层显示屏信号总线中的电源线需要手动绘制，信号线可以同样利用"报警管线提量"命令进行自动识别建模。

e）防火门监控总线及 24 V 电源线：2×（WDZN-BYJ 2×1.5 SC16 WC/CC）。

防火门监控总线是由一根信号线和一根 24 V 电源线组成的，虽然 CAD 设计图纸中是一根线，但实际是两个回路，两个回路的导线配管规格材质及敷设方式完全相同，因此，在软件中可以按一个回路进行构件的建立，但是，构件属性里的计算要设置成 2 倍计算模式，这样，软件在工程量汇总计算时会按单个回路的 2 倍计算工程量，不影响计算结果。

从施工图可以看出，二、三层防火门监控系统的管线是直接从一层处引上去的，这里利用软件"布置立管"功能完成即可，防火门监控配管配线可以利用"报警管线提量"命令进行自动识别建模，但是部分没有识别出的 CAD 管线需要手工绘制建模，方法同其他管线手工建模。另外，有部分管线在桥架中，需要利用"设置起点""选择起点"功能进行桥架布线，可以参考强电部分"桥架＋配管"建模方法完成（图 3-25 ～图 3-28）。

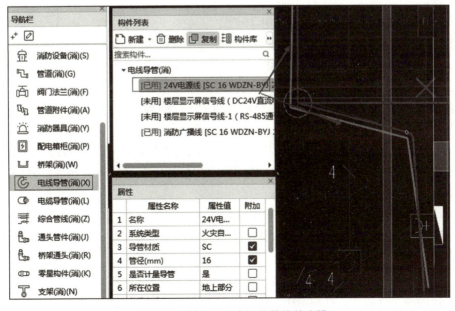

图 3-25　选择 24 V 电源线管线并建模

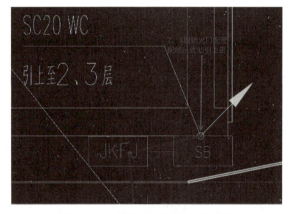

图 3-26　选择防火门监控总线及 24 V 电源线　　　　图 3-27　计算属性设置

图 3-28　上层防火门管线引入位置

f）信号总线：WDZN-BYJ 2 × 1.5 SC16。

信号总线直接利用"报警管线提量"功能即可，不再赘述。

二层、三层桥架外配管配线建模同一层。

②桥架内布线：桥架内布线线型如图 3-29 所示，此为一层桥架内布线线型，其他层与其相同。源头是从一层消防接线箱到对应楼层的消防接线箱。

a. 架桥内消防广播总线：

a）消防控制中心到一层消防端子箱 XF1 之间的桥架配线，WDZN-BYJ 2 × 1.5 CT。消防控制中心到一层消防端子箱 XF1 之间的配线采用桥架配线形式进行布线，分别选择桥架的两端即可完成桥架布线。

在三维状态下，在导航栏树状列表中选择"电线配管（消）（X）"，在构件列表中选择"消防广播线"。单击"绘制"选项卡"识别"面板中的"桥架配线"按钮后，在绘图区单击对应起点竖向桥架，单击后起点竖向桥架绿色高亮显示，然后继续在绘图区中单击该路径末端的竖向桥架，当单击末端桥架后，整个路径桥架都变成绿色高亮显示时，单击鼠标右键，弹出"选择构件"对话框，选择消防广播总线后，单击"确定"按钮即完成桥架内导线布置（图 3-30 ）。

图 3-29　桥架内布线

b）一层消防控制箱 XF1 到二层消防控制箱 XF2 的桥架配线，二层消防控制箱 XF2 到三层消防控制箱 XF3 的桥架配线。

绘图区切换到"一层消防报警平面图"，单击"绘制"选项卡"识别"面板中的"桥架配线"按钮，分别单击一层消防控制箱 XF1 连接的竖向桥架和二层消防控制线 XF2 连接的竖向桥架完成一层消防控制箱到二层消防控制箱的桥架配线，接着分别单击二层消防控制箱 XF2 连接的竖向桥架和三层消防控制线 XF3 连接的竖向桥架完成二层消防控制箱到三层消防控制箱的桥架配线。

整个操作过程和方法同消防控制中心到一层消防端子箱 XF1 之间的配线，不再赘述。

b. 消防直通电话：WDZN-BYJ 2 × 1.5 CT。

a）消防控制中心到一层消防端子箱 XF1 之

图 3-30　"选择构件"对话框

间的桥架配线。消防控制中心到一层消防端子箱 XF1 之间的配线同样采用桥架配线形式进行布线，单击选择桥架的两端即可完成桥架布线。

在三维状态下，在导航栏树状列表中选择"电线配管（消）（X）"，在构件列表中选择"消防直通电话线"，单击"绘制"选项卡"识别"面板中的"桥架配线"按钮，在绘图区单击对应起点竖向桥架，单击后起点竖向桥架绿色高亮显示，然后继续在绘图区中单击该路径末端的竖向桥架，当单击末端桥架后，整个路径桥架都变成绿色高亮显示时，单击鼠标右键，弹出"选择构件"对话框，选择消防直通电话线后，单击"确定"按钮完成桥架内导线布置（图 3-31）。

b）对于其他桥架内配线，同一类别的不同线型可以一次性选择布置完成，如一层消防控制中心到一层消防接线箱 XF1 之间的所有导线包括 DV24 V 电源线：WDZN-BYJ 3 × 4 CT、消防电话总线：WDZN-BYJ 2 × 1.5 CT 和 WDZN-BYJ 2 × 1.5+WDZN-BYJ 3 × 2.5 CT 可以在"选择构件"对话框中一次性全部勾选，再单击"确定"按钮一性布置完成（图 3-32）。

c.消防信号总线：WDZN-KYJY 3×2.5 CT 属于电缆，需要在导航栏树状列表中选择"电缆配管导管（消）(L)"构件类别，然后执行与上面导线一样的方法和步骤完成即可。

其他桥架内布线包括电缆配线参考消防广播线和消防直通电话线方法，不再赘述。

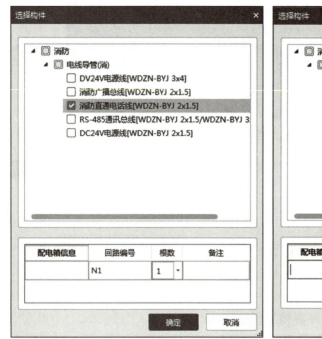

图 3-31　选择构件　　　　　　　图 3-32　批量选择构件

三、其他构件建模

（1）接线盒。在导航栏树状列表中选择"零星构件（消）（K）"，在构件列表中打开"新建"下拉列表，单击"新建接线盒"按钮，软件自动新建一个 86 型接线盒，再按实际图纸进行属性编辑后即完成构件属性编辑。

单击"绘制"选项卡"识别"面板中的"生成接线盒"按钮，弹出"选择构件"对话框，如果有其他材质、型号和规格敷设要求的接线盒则需要进行选择，本案例只有一种类型接线盒，无须选择。这里也可以对接线盒属性进行再次编辑调整和确认。单击"确定"按钮，弹出"生成接线盒"对话框，根据需要选择生成接线盒的楼层范围后，单击"确定"按钮，软件自动生成接线盒模型（图 3-33 ～图 3-35 ）。

图 3-33　新建接线盒

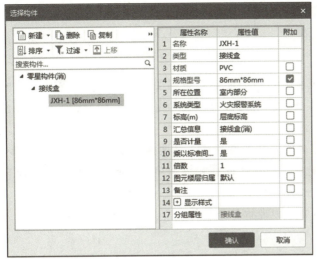

图 3-34　选择构件

图 3-35　选择楼层

（2）防火堵洞。桥架穿墙和楼板处需要进行防火堵洞，无须建模，利用表格按处计算即可。单击"工程量"选项卡"表格输入"面板中的"表格输入"按钮，弹出"表格输入"对话框，表格必要信息可以手动输入。防火堵洞工程量计算规定实际要根据各地定额规定进行，此处是按需要计算时采用的一种处理方法（图3-36、图 3-37）。

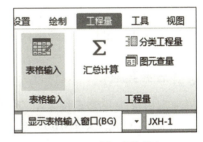

图 3-36　选择表格输入

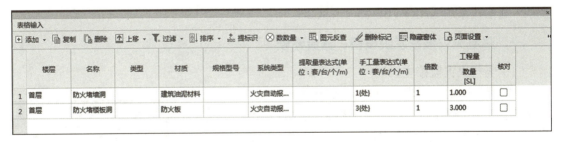

图 3-37　构件输入

任务三　漏电火灾报警系统 BIM 建模算量

任务描述

（1）识读附属楼漏电火灾报警系统施工图纸，读取漏电火灾报警系统部分算量关键信息。

（2）完成漏电火灾报警系统对应构件模型的建立和工程量的汇总计算。

 任务分析

（1）按消防设计说明→漏电火灾报警系统图→配电箱系统图→各层消防报警平面图的顺序识读理解漏电火灾报警系统通信总线、防火门监控总线和电源线的起止点、布置路径和管线材料、规格型号等信息。

（2）按一定的顺序和正确的方法完成电气火灾监控器、温度探测器和剩余电流探测器、电气火灾监控主机等漏电火灾报警系统设备的属性设置和模型建立，同时进行回路管线模型的建立。

（3）漏电火灾报警系统构件模型建立后，进行工程量的汇总计算、查询和报表设置。

任务目标

了解漏电火灾报警系统工程相关制图规范、标准和图集；熟悉漏电火灾报警系统工程施工图的识读方法和技巧；掌握漏电火灾报警系统设备构件、材料的用途、属性和安装要求；掌握软件中相应构件建模算量功能命令的操作步骤和方法等。

任务实施

漏电火灾报警系统主机设备位于消防控制室内，底离地 1.5 m 挂装。探测器工作电源采用 NH BV2×2.5+BVR2.5 导线取自现场配电箱内。通信总线采用耐火型超五类四对对绞总线式配线：HSYV-5e 4×2×0.5，线路敷设在消防火线槽内或穿 SC20 管暗敷（其保护层不小于 30 mm）或明敷（管外壁涂二道防火涂料），穿越防火分区时，两端需做防火封堵。桥架外通信线采用 NHRVVSP-2×1.5 SC20。

一、漏电火灾报警系统设备、器具建模

（1）电气火灾监控主机。

1）属性定义。绘图区切换到一层消防报警平面图，在导航栏树状列表中选择"消防设备（消）（S）"，构件列表中打开"新建"下拉列表，新建电气火灾监控主机设备，对软件默认属性进行编辑（图 3-38）。

2）模型建立。单击"建模"选项卡"识别消防设备"面板中的"设备提量"按钮，根据状态栏提示，绘图区中点选或框选漏电火灾监控主机图例和标识，弹出"选择要识别成的构件"对话框，在对话框中选择电气火灾监控主机后单击"确定"按钮，即完成建模（图 3-39）。

（2）其他构件建模。其他构件包括电气

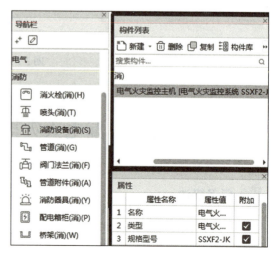

图 3-38 属性编辑

火灾监控器、温度探测器和剩余电流探测器，在平面图中均无具体设计图纸，只是在漏电火灾监控系统图里有，此时可以直接在系统里识别建模或利用表格算量。

1）属性建立。此处利用材料表进行构件建立。绘图区切换到"漏电火灾监控系统图"，在导航栏树状列表中选择消防专业消防器具。单击"绘制"选项卡"识别"面板中的"材料表"按钮，根据状态栏提示，框选材料表中需要识别的信息，选中后，框选边框黄色亮显，同时材料表中字体蓝色亮显，单击鼠标右键确认，弹出"识别材料表—请选择对应列"对话框，根据构件实际属性进行属性编辑，表格中缺少属性信息时可以通过双击对应单元格，单击单元格旁边"..."下拉按钮返回绘图区进行提取。例如，双击电气火灾

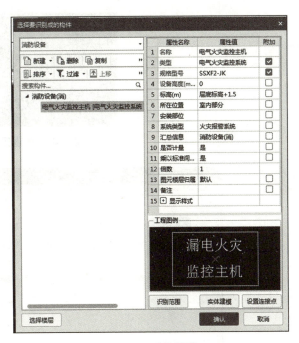

图 3-39　选择构件

监控器构件规格型号所在单元格，自动返回绘图区中，找到电气火灾监控器的规格型号，单击选择后，对应属性信息蓝色高亮显示，单击鼠标右键确认后返回"识别材料表—请选择对应列"对话框，信息提取完成，其他可以提取信息的操作方法类似。可删除不需要的行和列，单击"确定"按钮完成属性建立（图 3-40 ～图 3-42）。

1		图例	设备名称	规格型号		标高(m)	对应构件
2	1	漏电火灾电气主机	电气火灾监控主机	SSXF2-JK	1	层底标高	消防设备(消)
3	2	SSXF2-L1W1T	电气火灾监控器		... 按实计	层顶标高-0.5	消防器具(只连单立管)
4	3	TL □	温度探测器		按实计	层顶标高-0.5	消防器具(只连单立管)
5	4	○	剩余电流探测器	SSXF2-R066(400A以下	按实计	层顶标高-0.5	消防器具(只连单立管)

提示：请在第一行的空白单元格中单击鼠标从下拉框中选择列对应关系

□ 如果存在同名构件则覆盖原有属性

删除行　复制行　合并行

追加识别　删除列　复制列　合并列　确定　取消

图 3-40　材料表识别构件

图 3-41　绘图区自动提取

图 3-42　构件属性编辑完成

2）构件建模。由于平面图中没有对应设备器具图例，而且漏电系统工程里除监控主机在一层消控室里外，其他都是直接安装在对应配电箱里，所以只能在系统图中进行构件建模，对应点型设备可以在属性里设置倍数来完成工程量的统计要求。

单击"绘制"选项卡"识别"面板中的"设备提量"按钮，根据状态栏提示，点选或框选绘图区中需要建模的设备器具。

点选火灾监控器，单击鼠标右键确认，弹出"选择要识别成的构件"对话框，选择电气火灾监控器构件，根据系统图判断，总共有 5 个火灾监控器，所以对话框中倍数属性值修改为 5 倍即可，单击"确定"按钮即完成绘图区火灾监控器的建模（图 3-43）。

其他构件建模方式同火灾监控器，不再赘述。

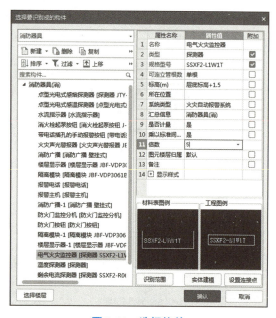

图 3-43　选择构件

二、漏电火灾报警系统管线建模

（1）属性建立。这里需要新建桥架外配管配线和桥架内配线，从桥架内配线设计说明可以直接看出是耐火型超五类四对对绞线：NHSYV-5e 4×2×0.5，桥架外配管配线信息在对应的强电配电箱系统图中，如配电箱 AP 系统图中就有漏电火灾监控通信线信息。其他配电箱与配电箱 AP 类似，具体可以在各自装有电气火灾监控器的配电箱里查询核实。

绘图区切换到一层消防报警平面图，在导航栏树状列表中选择消防专业"电缆配管（消）（L）"，在构件列表中新建配管 NHRVVSP-2×1.5 SC20，再在"电缆配管（消）（L）"目录下新建耐火型超五类四对对绞线裸电缆：NHSYV-5e 4×2×0.5（图 3-44 ～图 3-46）。

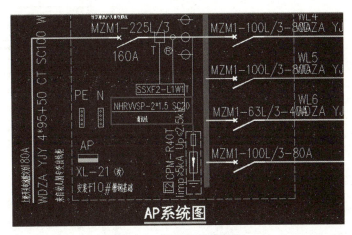

图 3-44　桥架外配管配线

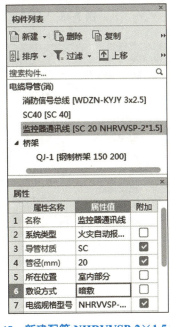

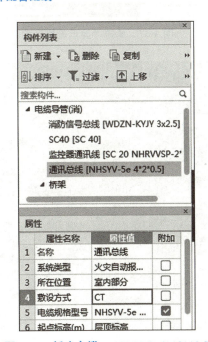

图 3-45　新建配管 NHRVVSP-2×1.5 SC20　　**图 3-46　新建电缆 NHSYV-5e 4×2×0.5**

（2）管线建模。

1）调出一层强电配电箱柜。由于强电配电箱都在强电施工图中，所以消防施工图无法直接显示强电配电箱构件，但是要在一层消防报警平面图里进行漏电火灾通信线的布置必须显示相应配电箱构件，为了不影响建模和视觉效果，可隐藏相同平面位置其他点式构件。

漏电火灾监控管
线构件属性建立

单击"视图"选项卡"用户界面"面板中的"显示设置"按钮（图3-47），弹出如图3-48所示的"显示设置"对话框，勾选"配电箱柜（电）"复选框，取消勾选"消防配电箱柜"复选框，此时可以看到强电配电箱柜出现在一层消防报警平面图中，这样就可以方便地在一层消防报警平面图中布置漏电火灾报警通信线（图3-49）。

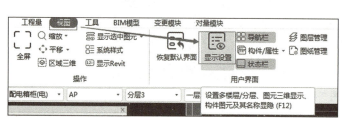

图 3-47　单击"显示设置"按钮

图 3-48　"显示设置"对话框

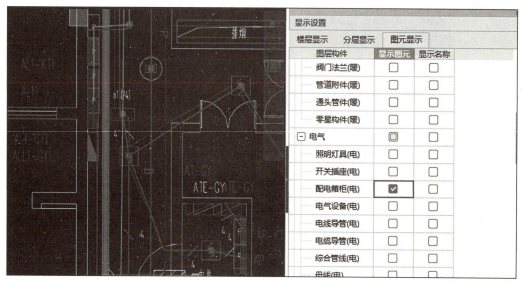

图 3-49　绘图区显示 AP 配电箱

2）管线建模。一层消控室到 AP 配电箱配管配线属于"桥架＋配管"方式。

①桥架外管线建模。在导航栏树状列表中选择"电缆导管（消）（L）"，在构件列表中选择监控器通信线，单击"建模"选项卡"绘图"面板中的"直线"按钮，手动绘制配管，同时进行属性修改，尤其是连接配电箱 AP 的立管（图 3-50～图 3-52）。

图 3-50　选择构件

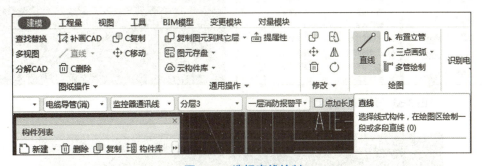

图 3-51　选择直线绘制

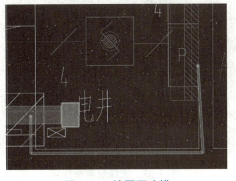

图 3-52　绘图区建模

桥架外监控器通信线识别建模

②桥架内配线建模。在导航栏树状列表中选择"电缆导管（消）（L）"，在消防构件列表中选择通信总线，单击"建模"选项卡"识别桥架内线缆"面板中的"设置起点"按钮，单击绘图区中一层消防控制室与漏电火灾监控主机连接的竖向桥架，确定"设置起点"构件，出现"××"标记即设置成功，在"识别桥架内线缆"面板中单击"选择起点"按钮，在绘图区中选择路径另一端与桥架相连的立管，鼠标光标移动到配管位置且高亮显示时，单击选中，单击鼠标右键确认，弹出"选择起点"对话框，起点设备呈现粉红色，同时桥架呈现淡蓝色，单击选择起点漏电火灾监控主机后，通信总线路径绿色高亮显示，同时起点设备呈现绿色，单击鼠标右键确认后，桥架布线完成（图 3-53 ～图 3-56）。

漏电火灾监控管
线桥架内布线

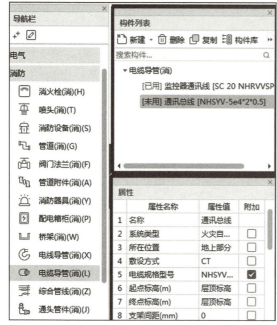

图 3-53　选择通信总线

图 3-54　设置起点标记

图 3-55　选择起点配电箱

图 3-56　完成路径选择

③路径检查。布置完成后可以通过检查回路来判断路径布置是否正确，在三维状态下，单击"视图"选项卡"界面显示"面板中的"CAD 图层"按钮，弹出"CAD 图层"对话框，取消勾选对话框中的"CAD 原始图层"复选框，这样，绘图区中 CAD 底图就隐藏了。切换"显示设置"到对话框中"图元显示"列，取消勾选不需要显示的构件图元前的复选钩后，对应图元构件就不再显示，主要只显示桥架和通信线路配管，图元显示设置完成后，切换到"楼层显示"列，选择"自定义楼层"后，勾选"全部楼层"复选框，此时所有楼层的桥架和配管全部整体显示，按 Esc 键，退出三维动态框。

单击"绘制"选项卡"检查 / 显示"面板中的"检查回路"按钮，单击选择路径中配管后，整个回路路径会高亮显示，展示了部分回路截图（图 3-57～图 3-60）。

其他回路配管配线与一层消控室到配电箱 AP 配管配线建模类似，不再赘述。

显示设置

楼层显示	分层显示	图元显示	
图层构件		显示图元	显示名称
喷头(消)		☐	☐
消防设备(消)		☐	☐
管道(消)		☐	☐
阀门法兰(消)		☐	☐
管道附件(消)		☐	☐
消防器具(消)		☐	☐
配电箱柜(消)		☐	☐
电线导管(消)		☐	☐
电缆导管(消)		☑	☐
综合管线(消)		☑	☐
通头管件(消)		☑	☐
桥架通头(消)		☑	☐
零星构件(消)		☐	☐

CAD图层　　　　　　　　　　　　　×

显示指定图层　隐藏指定图层　显示指定图元　　》

开/关	颜色	名称
☐	▷	已提取的CAD图层
☐	▷	CAD原始图层

图 3-57　隐藏 CAD 图层　　　　　　图 3-58　选择桥架和通信线路配管

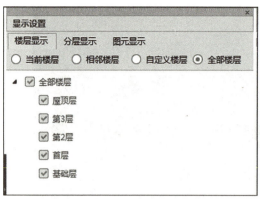

图 3-59　自定义选择楼层　　　　　　图 3-60　路径检查

任务四　文件报表设置和工程量输出

 任务描述

　　了解不同类型报表的特点，根据预算需求设置个性化报表，同时导出符合要求的工程量汇总计算表格。

任务分析

　　（1）找出各种报表在软件中的位置，打开不同类型报表页面，了解各种类型工程量统计报表的特点。

　　（2）选择一种类型报表，同时选择一种类型设备或管线，在报表设置器中进行报表分类条件、级别及报表工程量内容的设置。

　　（3）尝试进行不同类型报表的导出操作，同时尝试进行导出报表内容的修改操作。

任务目标

　　了解安装工程预算书各种类型报表的格式和内容要求；熟悉软件中工程量汇总计算、报表设置和报表导出命令的操作步骤与方法。

任务实施

一、工程量报表设置

报表设置可以参考电气照明工程报表设置，此处不再赘述。

二、工程量报表导出

单击"工程量"选项卡"汇总"面板中的"汇总计算"按钮，弹出"汇总计算"对话框，楼层列表全选后单击"计算"按钮，软件自动执行汇总计算命令（图3-61、图3-62）。

单击"工程量"选项卡"报表"面板中的"查看报表"按钮，弹出报表预览界面，在左侧专业列表中选择"消防"专业，打开专业下拉框，可以根据需要查看各种需求的工程量明细表（图3-63）。

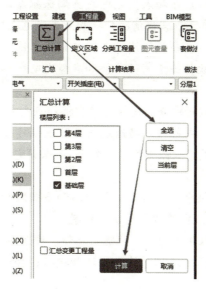

图3-61 单击"汇总计算"按钮

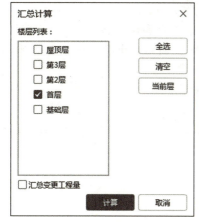

图3-62 选择楼层

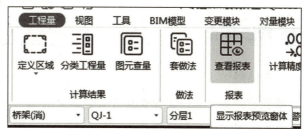

图3-63 查看报表

 任务考核评价

任务考核采用随堂课程分级考核和课后开放课程网上综合测试考核相结合的方式。

随堂课程分级考核可以采用课堂讨论、问答和针对必要任务进行实战演练的方式进行，需要教师根据课堂内容及学生理解、掌握知识的程度设置分层分级知识点问题和考核任务。

网上综合测试考核需要建立题库，实现随机组卷，学生自主安排测试时间（教师可以设定测试期限和决定是否允许学生延迟或反复测试），题型比较灵活。

综合实训

综合实训一：进行桥架图元构件的识别建模，利用"一键提量"命令对消防广播和点型光电式感烟探测器进行识别建模。

实训目的：正确读取消防广播和点型光电式感烟探测器建模信息；能进行消防广播和点型光电式感烟探测器属性建立；掌握消防广播和点型光电式感烟探测器识别建模方法。

实训准备：根据规范标准充分识读消防电气工程施工图，读取消防广播和点型光电式感烟探测器关键信息；熟悉软件关于消防广播和点型光电式感烟探测器识别建模的步骤和方法。

实训内容和步骤：在导航栏中分别选择消防广播和点型光电式感烟探测器构件 → 分别在属性面板中进行属性设置（或材料表功能进行构件属性建立）→ 在"建模"选项卡中分别选择消防广播和点型光电式感烟探测器操作命令 → 识别完成。

综合实训二：分别利用报警管线提量、单回路和多回路功能命令进行消防广播线、楼层显示屏信号线和24 V电源线回路构件的识别建模。

实训目的：通过正确读取报警管线、消防广播线、楼层显示屏信号线和24 V电源线的回路信息，掌握消防电气工程回路信息读取方法和技巧；会选择合适的建模方法进行不同敷设方式回路的管线建模。

实训准备：根据规范标准充分识读消防电气工程施工图，读取对应回路管线关键信息；熟悉软件关于管线识别建模的步骤和方法。

实训内容和步骤：识读消防设计说明，了解管线安装要求和设计意图 → 识读消防系统图，弄清楚管线对设备的控制范围和类别 → 分别利用对应的功能命令进行管线识别 → 完成回路图元识别建模。

同步测试

一、判断题

1.报警管线提量能一次性识别所有喷淋管道。　　　　　　　　　　　　　　　（　　）

2.软件中喷头属于消防器具。　　　　　　　　　　　　　　　　　　　　　　（　　）

3.接线盒可以通过图元识别的方式生成。　　　　　　　　　　　　　　　　　（　　）

4.回路线缆敷设方式为"配管＋桥架"组合形式时，可以先识别配管段回路线缆，再利用识别桥架面板里的设置起点和选择起点功能命令进行桥架内线缆识别建模。（　　）

5.在识别电线面板中也可以通过设置起点和选择起点功能命令进行线缆敷设。（　　）

二、单项选择题

1.对应消防设备图元识别功能命令的是（　　　）。

A.设备表　　　　　B.一键提量　　　　　C.材料表　　　　　D.设备提量

2.消防器具图元识别功能命令包括（　　　）。

A.设备表、材料表、设备提量　　　　　B.一键提量、材料表、设备表

C. 材料表、设备提量、一键提量　　　　D. 设备提量

3. 下面不属于消防设备的是（　　　）。

　　A. 消防水箱　　　　　　　　　　　B. 手动报警装置

　　C. 悬挂式灭火装置　　　　　　　　D. 消防水箱

4. 需要依附管道识别的消防图元构件是（　　　）。

　　A. 法兰阀门　　　　B. 消火栓　　　　C. 消防器具　　　　D. 消防水箱

5. 桥架构件避让命令操作三要素不包括（　　　）。

　　A. 避让方向　　　　B. 避让角度与距离　　C. 避让方式　　　D. 避让位置

6. 下面识别电缆导管操作命令可以一次性选择所要识别的所有对应图元构件的是（　　　）。

　　A. 报警管线提量　　B. 单回路　　　　C. 多回路　　　　D. 选择识别

7. 对于软件中无须计算工程量的图元构件，下列操作正确的是（　　　）。

　　A. 建立虚构件　　　　　　　　　　B. 正常识别建模和进行构件属性的建立

　　C. 属性面板里计算属性设置为否　　D. 无法操作

8. 图纸系统分层对应的操作命令是（　　　）。

　　A. 图层管理　　　　B. 图纸管理　　　　C. 显示设置　　　　D. 系统样式

三、简答题

1. 图纸导入后发现图纸缺省时应如何处理？

2. 导入图纸后如果模型显示要求较高，并且想借助模型进行查看、碰撞和精细化管理，如何对导入的图纸进行设置？

3. 配电箱柜识别时如果是同类型设备，只是图例设计大小不同时，应如何进行识别？

4. 报警管线提量功能命令统一识别管线图元构件后，局部回路管线根数不一致时应如何处理？

5. 火灾自动报警及消防联动控制系统中，声光报警器和手动报警按钮连接回路一般包括哪些用途的线缆？

6. 在构件属性定义中，一般采用多管敷设的消防器具设备有哪些？

7. 火灾自动报警及消防联动控制系统中的设备控制模块和设备本身可以分开布置吗？

8. 如何利用图元存盘命令进行图元构件模型迁移？

 案例分析

一、工程设计主要信息

附属楼工程地上 3 层，主体高度为 11.7 m。建筑面积为 4 986.7 m²。电气部分设计说明如下。

火灾自动报警及消防联动控制系统如下。

（1）本工程采用集中报警系统，火灾自动报警系统参考有关产品，并根据产品的技术资料进行设计。

（2）系统组成：火灾自动报警系统、消防联动控制系统、火灾广播系统、直通对讲电

话系统、火灾声光报警系统，共五个系统。

（3）火灾自动报警系统。

1）在一层设置消防控制室。入口设置明显的标志。消防控制室要求室内设防静电地板。

2）火灾探测器选用光电型感烟探测。在每层设火灾显示屏，设感烟探测器、消火栓报警按钮、火灾事故警报装置、火灾广播装置、消防按钮和相关联动控制装置。

（4）联动控制。消防联动控制器应能按设定的控制逻辑向各相关的受控设备发出联动控制信号，并接受相关设备的联动反馈信号。

各受控设备接口的特性参数应与消防联动控制器发出的联动控制信号匹配。消防水泵除应采用联动控制方式外，还应在消防控制室设置手动直接控制装置。需要火灾自动报警系统联动控制的消防设备，其联动触发信号应采用两个独立的报警触发装置报警信号的"与"逻辑组合。

火灾声光警报器设置带语音提示功能时，应同时设置语音同步器。同一建筑内设置多个火灾声警报器时，火灾自动报警系统应能同时启动和停止所有火灾声光警报器工作。

1）消火栓泵控制。

①联动控制方式：由消火栓系统出水干管上设置的低压压力开关、高位消防水箱出水干管上设置的流量开关或报警阀压力开关等信号作为触发信号，直接控制启动消火栓泵。

②消火栓按钮的动作信号作为报警信号及启动消火栓泵的联动触发信号，由消防联动控制器联动控制消火栓的启动、停止。

③手动控制方式：消防联动控制器用专用线路直接连接至消火栓泵控制箱的启动、停止按钮的控制回路。

④能显示消火栓泵双电源箱电源状况。

⑤消防联动控制器能显示消火栓泵动作信号。

2）喷淋泵控制。

①联动控制方式：由湿式报警阀压力开关的动作信号作为触发信号，直接控制启动喷淋消防泵。

②手动控制方式：消防联动控制器的手动控制盘用专线直接接至喷淋消防泵控制箱的启动、停止按钮的控制回路。

③水流指示器、信号阀、压力开关、喷淋消防泵的启动和停止的动作信号应反馈至消防联动控制器。

④消防电源监控系统能显示喷淋泵双电源箱电源状况。

3）非消防电源控制：本工程部分低压出线回路及所有各层插接箱内设有分励脱扣器，由消防控制室在确认火灾后断开相关电源。

正常照明、生活水泵、安全防范系统等在消火栓、喷淋水系统动作前切断。

4）应急照明平时采用就地控制，火灾时由消防控制室自动控制点亮应急照明灯。

5）系统中探测器灵敏度的选择应根据有关规范和安置环境要求来确定。消防报警设备应自带备用电池组及各种保护。

消防设备订货前应将技术图纸及要求提交制造商，设备及器件的安装调试应满足国家规范和制造商的要求。

（5）消防直通对讲电话：在消防控制室内设置消防直通对讲电话总机，在各层的手动报警按钮处设置消防直通对讲电话插孔，消防控制室内设置 119 直接报警的外线电话。

（6）火灾声光警报器。本工程设置火灾声光警报器，在确认火灾后启动建筑内所有火灾声光警报器。火灾声光警报器应由火灾报警控制器或消防联动控制器控制。

（7）火灾应急广播及警报系统。在消防控制室设置火灾应急广播机柜，机组采用定压式输出。火灾应急广播及警报按层或防火分区分路，每层或每一防火分区为一路。消防应急广播系统的联动控制信号应由消防联动控制器发出。当确认火灾后，应同时向全楼进行广播。消防应急广播的单次语音播放时间宜为 10～30 s，应与火灾声光警报器分时交替工作，可采取 1 次火灾声光警报器播放、1 次或 2 次消防应急广播播放的交替工作方式循环播放。消防控制室应能手动或按预定控制逻辑联动选择广播分区、启停应急广播系统，并应能监听消防应急广播。在通过传声器进行应急广播时，应自动对广播内容进行录音。消防控制室内应能显示消防应急广播的广播分区的工作状态。消防应急广播与普通广播或背景音乐广播合用时，应具有强制切入消防应急广播的功能。火灾应急广播切换在分区或楼层消防接线端子箱内完成。火灾事故广播线路单独穿管敷设。

（8）线路敷设。

1）建筑内火灾自动报警与消防联动控制系统主干线在墙体内采用 SC 管暗敷。干线型号规格见系统图。

2）消防联动控制系统分支线路选用 SC 管在不燃烧体内暗敷设（保护层 >3 cm）。所有明敷设的线路保护管选用 SC 管并外涂两道防火涂料，在平顶内从接线盒处引至探测器底座、控制设备盒、声光报警器的线路均采用金属软管保护并外涂防火涂料两道。

3）探测器的传输线路宜选择不同颜色的绝缘电线，相同线别的导线颜色应一致，接线端子应按要求打上标记。

4）层接线端子箱之间线路穿电缆桥架。其所用桥架均为防火桥架，耐火极限不低于1.00 h，不同电压等级、不同电流类别的线路共用桥架敷设时，采用防火隔板分开。

5）沿桥架敷设的消防广播、消防电话线路应与其他管线分隔。

（9）安装要求。

1）探测器至墙边、梁边的水平距离不应小于 0.5 m，探测器周围 0.5 m 内不应有遮挡物，与照明灯具的水平净距不应小于 0.5 m，小于 3 m 的走道上的探测器宜居中安装；火灾自动报警系统的现场控制接口器件应安装在相关设备内或就近的平顶内；楼层显示器底边距地 1.5 m 安装。

2）消防联动控制系统设备和器件的专用预埋件由制造商提供，并提出安装要求。

3）总线短路隔离器保护的火灾探测器、手动火灾报警按钮和模块等消防设备的总数不应超过 32 点；总线穿越防火分区时，应在穿越处设置总线短路隔离器。

4）模块严禁设置在配电（控制）柜（箱）内。

5）本报警区域内的模块不应控制其他报警区域的设备。案例完整 CAD 图纸可以通过某附属楼消防电气工程链接 https://kdocs.cn/l/coNsEJ57rJ0e 或扫描二维码下载查看。

某附属楼工程
消防火灾报警图

二、关键图纸信息分析

1. 消防电气系统组成

整个消防电气系统包括火灾自动报警及消防联动控制系统、漏电火灾报警系统和防火门监控系统三个系统。

（1）火灾自动报警及消防联动控制系统。

1）一层消防控制中心至各楼层消防接线端子箱。通过阅读火灾自动报警及消防联动控制系统图可以看出，该系统连接设备器具的管线从消防控制室出来以后进入垂直桥架，通过垂直桥架分别进入各层水平桥架，再从桥架出来进入各层的消防接线端子箱。

2）各层消防接线端子箱到末端消防器具、设备。从各层消防接线端子箱到对应各层的回路分别如下。

①连接到消防广播的消防广播线穿金属管安装 WDZN-BYJ 2×1.5 SC16。

②连接到火灾楼层显示盘 RS-485 通信总线和 DC24 V 直流电源线穿金属管或桥架安装 WDZN-BYJ 2×1.5+WDZN-BYJ 3×2.5 2SC16。

③连接到非消防电源配电箱、消防广播和声光报警器的 DC24 V 电源线穿金属管或桥架安装 WDZN-BYJ 2×1.5 SC16。

④连接到消防报警按钮的消防电话总线线穿金属管安装 WDZN-BYJ 2×1.5 SC16。

⑤连接到隔离模块、消防报警按钮控制模块、消防广播控制模块、非消防电源配电箱控制模块、水流指示器控制模块、消火栓按钮、点型光电式感烟探测器和点型光电式感温探测器的火灾报警总线穿金属管或桥架安装 WDZN-BYJ 2×1.5 SC16。

（2）漏电火灾报警系统。漏电火灾监控系统也是从一层消防控制室引出通信总线：耐火型超五类四对对绞线 HSYV-5e 4×2×0.5 连接到一层的配电箱 AP、配电箱 AP-KT、配电箱 AP-CF、配电箱 AT-GY 和配电箱 ATE-GY 中，线路敷设在消防防火线槽内或穿 SC20 管暗敷。

（3）防火门监控系统。防火门监控系统也是从一层消防控制室引出 CAN 总线连接到防火门监控分机，再从防火门监控分机上通过防火门监控总线及 24 V 电源线连接到各层的防火门监控控制模块上。

2. 管线、设备关键信息读取

（1）设备间的回路管线信息可以通过系统图和设计说明中的标注信息进行提取。

（2）设备、构件关键算量信息通过设计说明和图例表提取。

三、软件操作

本部分涉及消防电气部分设备构件及管线回路的软件命令操作方法和步骤均已经在对应任务执行时进行了详细的分析说明，此处不再赘述。

项目四 生活给水排水工程 BIM 建模算量

📂 项目介绍

分析识读生活给水排水工程施工图纸，读取算量关键信息 → 完成软件工程项目设置，进行 CAD 图纸管理 → 完成消防电气工程建模算量 → 进行工程量报表设置和工程量输出。

💡 知识目标

（1）熟悉生活给水排水工程施工图识读方法。
（2）掌握生活给水排水工程软件建模算量思路及方法。
（3）掌握生活给水排水工程文件报表的设置及工程量输出方法。

⚙ 技能目标

（1）能够根据施工图纸准确绘制生活给水排水管道。
（2）能够根据施工图纸识别给水排水设备和卫生器具。
（3）能够完成给水排水工程管道附件、阀门法兰和零星构件的识别及绘制。
（4）会进行生活给水排水工程工程量的汇总计算，并根据需要进行报表设置和工程量输出。

📝 素质目标

（1）做好职业规划，树立为社会主义事业奋斗终生的职业观。
（2）既要树立远大理想，又要脚踏实地，将理想和现实结合起来，投入社会发展的洪流，实现人生价值。
（3）做到又红又专，培养"认真、务实、乐观进去"的人生态度。

📖 案例引入

本项目为某附属楼生活给水排水工程（CAD 电子图纸可以通过本项目案例分析中的链接或二维码下载使用），主要可分为给水工程、排水工程两部分。水源来源于市政给水，生活给水范围包括卫生间、盥洗室、洗衣房、茶水间和厨房等房间用水，生活排水范围除前面提到的给水房间外，还包括雨水系统。利用广联达 BIM 安装计量 GQI2021 软件对项目中的给水工程和排水工程两部分进行建模算量。

任务一　新建工程项目与 CAD 图纸管理

任务描述

（1）识读附属楼生活给水排水工程图纸，读取项目新建关键信息。

（2）新建生活给水排水工程项目，进行正确的 CAD 图纸管理。

任务分析

（1）通过分析附属楼生活给水排水工程施工图纸，了解建筑面积、结构类型、楼层标高、基础埋深等设计信息新建生活给水排水工程项目。

（2）导入 CAD 图纸、正确进行 CAD 电子图纸在软件中的比例设置、分割和定位。

任务目标

了解生活给水排水工程相关制图规范、标准和图集；掌握软件工程项目新建和 CAD 图纸管理功能命令的操作步骤与方法。

任务实施

一、新建工程

（1）双击"广联达 BIM 安装计量 GQI2021"图标，打开软件，进入工程新建打开界面，此处需要新建一个生活给水排水工程项目。

（2）单击工程列"新建"按钮，弹出"新建工程"对话框，根据工程实际需要进行信息编辑，工程名称为"某附属楼工程"，专业为"给排水"，计算规则、清单库、定额库及算量模式的选择与电气照明工程相同。

（3）工程计量计价信息编辑完成后，单击"创建工程"按钮，进入软件建模算量界面（图4-1）。

（4）新建工程后，也可以在任何时候单击"保存"按钮进行保存，将新建的工程保存到设定位置的文件夹中（图4-2）。

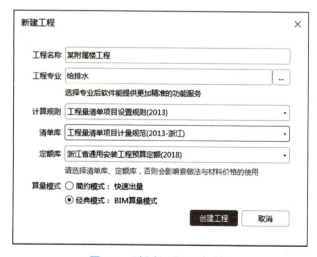

图 4-1 "新建工程"对话框

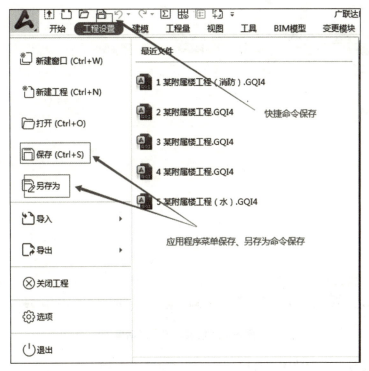

图 4-2　保存文件

二、楼层设置

楼层设置就是在软件工程项目中按楼层自然顺序建立各楼层名称、层高、相对标高等楼层信息。由于生活给水排水工程和电气照明工程是分别单独导入软件的，所以这里要重新进行楼层信息设置，如果同时导入就无须进行楼层信息设置工作。

（1）单击"工程设置"选项卡"工程设置"面板中的"楼层设置"按钮，弹出"楼层设置"对话框。软件默认两层楼层信息，需要根据实际楼层信息进行编辑修改（图4-3、图4-4）。

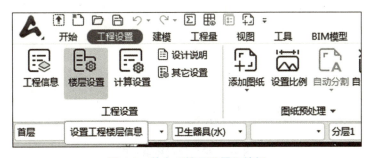

图 4-3　单击"楼层设置"按钮

（2）首层层高输入"3.9"，基础层层高输入"0.6"，其他信息默认即可。

（3）保持勾选"首层"复选框，单击首层所在行插入第2层，输入正确楼层信息后，再依次建立第3层、第4层楼层。

（4）把第4层楼层名称修改为"屋顶层"。

图 4-4 "楼层设置"对话框

楼层信息设置完成后关闭"楼层设置"对话框（图 4-5）。

图 4-5 楼层设置编辑完成

其他楼层设置注意事项可以参考电气照明工程楼层信息设置内容。

三、图纸导入

（1）建模算量方式选择。单击"视图"选项卡"用户界面"面板中的"图纸管理"按钮，弹出"图纸管理"对话框，单击右端双三角下拉按钮，选择"分层模式"，确定建模方式为三维分层建模方式（图4-6）。

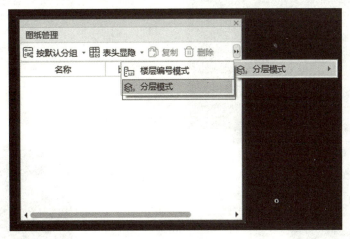

图 4-6　建模方式选择

（2）图纸导入。单击"工程设置"选项卡"图纸预处理"面板中的"添加图纸"下拉按钮，在下拉列表中单击"添加图纸"按钮，弹出"添加图纸"对话框，选择需要的水专业图纸后，单击"打开"按钮导入对应专业图纸（图4-7～图4-9）。

图 4-7　单击"添加图纸"按钮

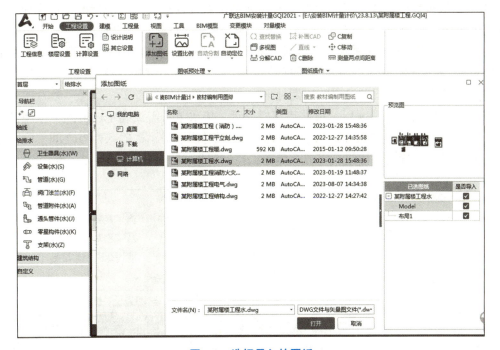

图 4-8　选择导入的图纸

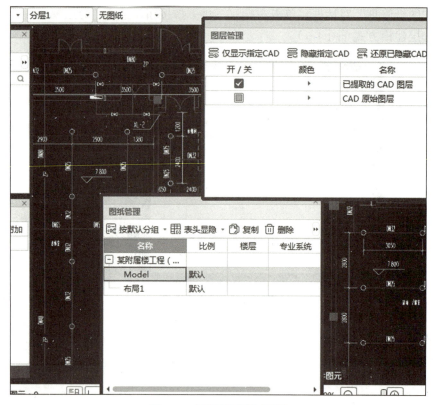

图4-9　在绘图区导入图纸

四、设置比例

由于图纸设计的需要，可能存在不同用途的图纸设计比例不同的情况，造成导入的图纸标注尺寸和实际长度不一致，此时需要对各类图纸进行图纸比例设定。

单击"工程设置"选项卡"图纸预处理"面板中的"设置比例"按钮，选项栏显示"局部设置"和"整图设置"选项，根据需要进行选择，这里选择"整图设置"选项后，再对卫生间大样图进行"局部设置"比例处理。

选择"整图设置"选项后，根据状态栏提示，依次单击需要确定比例的一段距离的第一点和第二点后，弹出"尺寸输入"对话框，根据对话框提示，输入两点之间实际尺寸调整比例后，单击"确定"按钮，完成整体图纸比例调整（图4-10～图4-12）。

图4-10　单击"设置比例"按钮并选择方式

图 4-11   绘图区选择设置比例长度

图 4-12   在"尺寸输入"对话框中输入数字

比例设置

五、图纸分割

图纸分割的目的是便于分楼层分系统进行图元构件建模，通过后续的操作也可以将各楼层各层次的模型整合成一个整体模型。软件提供了"手动分割"和"自动分割"两种图纸分割方式，这里选择"自动分割"方式（图 4-13）。

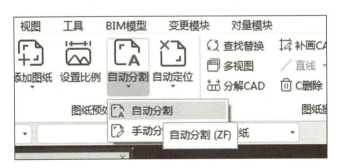

图 4-13   选择分割方式

单击"自动分割"按钮后，弹出"提示"对话框，"请确认分割图纸的模式"选择"分层模式"，单击"确定"按钮后，在选项栏中点选"整图分割"，软件自动进行图纸分割命名，并且在绘图区中以黄色边框显示已经分割成功的图纸，同时弹出"自动分割"对话框，根据图纸设计信息对分割图纸进行楼层及所属专业的设置后，单击"确定"按钮，完成图纸的最终分割，卫生间大样图需要手动单独分割（图 4-14～图 4-16）。

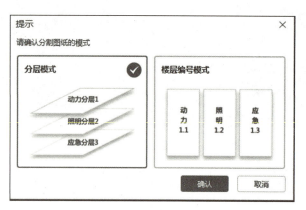

图纸分割

图 4-14　图纸分割模式

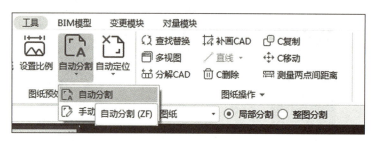

图 4-15　选择整图分割模式

图 4-16　图纸楼层、系统设置

六、图纸定位

图纸分割完成后还需要进行各层图纸定位，定位图纸的目的实际上就是使各层模型将来能够在实际的空间位置上组成一个完整的系统，避免出现同一构件或平面上同一位置但空间上属于不同楼层的构件在立体空间上出现不连续或错位。图纸定位有自动定位和手动定位两种方式。选择自动定位方式后，软件自动对导入的图纸进行统一定位，也可以对已经定位的图纸进行变更和取消定位操作。

这里先单击"自动定位"按钮，然后对详图的定位进行更改。每张详图单独设置定位点，单击"变更定位"按钮，根据状态栏提示，选择要变更的定位点，原来定位符号蓝色亮显，单击选择第一条参考线后该参考线黄色亮显，再选择第二条参考线，单击鼠标右键确认，完成定位点变更（图 4-17～图 4-21）。

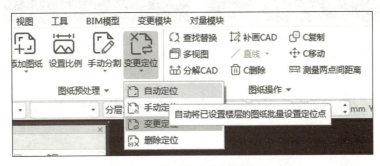

图 4-17 选择定位命令

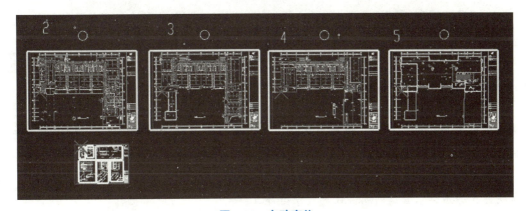

图 4-18 自动定位

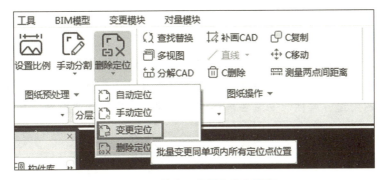

图 4-19 单击"变更定位"按钮

图纸定位

· 111 ·

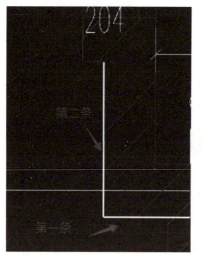

图 4-20　定位点变更　　　　图 4-21　完成定位点变更

任务二　生活给水排水系统建模算量

任务描述

（1）识读附属楼生活给水排水工程施工图纸，读取生活给水排水工程算量关键信息。

（2）完成生活给水排水工程模型的建立和工程量的汇总计算。

任务分析

（1）按生活给水排水工程设计说明→各层给水排水工程平面图→相应卫生间大样图→给水排水系统图的顺序识读，理解生活给水排水工程管道布置路径和管线材料、规格型号等信息。

（2）按一定的顺序和正确的方法完成卫生器具、设备、管道附件、阀门法兰，支架、零星构件和给水排水管道的属性设置与模型建立。

（3）生活给水排水工程模型建立后，进行工程量的汇总计算和导出。

任务目标

了解生活给水排水工程相关制图规范、标准和图集，生活给水排水工程施工图的识读方法和技巧；掌握生活给水排水工程卫生器具、设备、管道附件、阀门法兰，支架、零星构件和给水排水管道的用途、属性与安装要求；掌握软件中相应构件建模算量功能命令的操作步骤和方法等。

任务实施

（1）给水管道：给水干管采用钢塑复合管，丝接。给水立管及室内支管采用冷水用无规共聚聚丙烯 PPR 管，S5 系列，热熔连接。

（2）排水管道：污、废水管均采用低噪声硬聚氯乙烯（PVC-U）塑料管，黏结连接；雨水管采用低噪声承压 UPVC 排水管，立管底部的弯头和横管采用承压排水 UPVC 管。

所有给水排水管管径的大小以系统图标注为准，管道敷设位置根据图纸确定。

一、生活给水排水干管建模

（1）水平给水干管建模。绘图区切换到一层给水排水平面图，在导航栏树状列表中选择给水排水专业"管道（水）（G）"，单击"建模"选项卡"识别管道"面板中的"选择识别"按钮，根据状态栏提示，在绘图区中点选首层给水水平干管 CAD 线，单击鼠标右键确认，弹出"选择要识别成的构件"对话框，单击"新建"下拉按钮，单击"新建管道"按钮后，对自动新建的管道属性进行修改，根据图纸设计信息进行实际的属性编辑，编辑完成后单击"确认"按钮，即完成软件中对应水平给水干管的创建（图 4-22、图 4-23）。

图 4-22　单击"选择识别"按钮

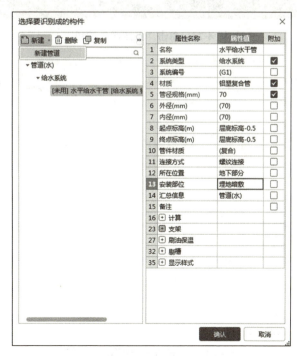

给水水平干管

图 4-23　属性编辑

这里创建的水平给水干管仅限于一层生活给水排水平面图中有明确布置且跨层的管道，其他位置布置不明确，可以在对应的详图中创建，一层给水排水平面图中可以不用创建。

（2）给水立干管建模。给水立干管有手动直接点布置立管和采用系统图方式进行批量创建两种创建方式。这里采用系统图方式进行批量创建。

系统图批量创建时可以快速创建立管规格和对应标高，采用智能布置方式快速在平面图上布置立管。

1）调出"识别管道系统图"对话框，绘图区切换到"给排水原理图"，在导航栏树状列表中选择"给排水"专业下的管道构件，单击"建模"选项卡"识别管道"面板中的"系统图"按钮，弹出"识别管道系统图"对话框（图4-24、图4-25）。

图4-24 单击"系统图"按钮

图4-25 "识别管道系统图"对话框

2）属性定义。单击"识别管道系统图"对话框中的"提取系统图"按钮，对话框消失，鼠标光标在绘图区中对应立管所在的系统图中提取立管 CAD 线及其名称，可以同时读取多根立管进行信息提取，包括管件系统编号、管径规格和系统类型等，但是立管的起点、终点标高一般需要自己手动添加设置。如果系统图中立管是变径管，则软件在提取系统图立管信息时会分段提取。

此处可以利用多视图窗口进行立管属性信息的编辑，将"给排水原理图"捕捉到多视图窗口中便于随时查看。

单击"建模"选项卡"图纸操作"面板中的"多视图"按钮，弹出"多视图"对话框，单击"捕捉 CAD 图"按钮，根据状态栏提示，按住鼠标左键在绘图区中框选需要捕捉的 CAD 图，单击鼠标右键确认即捕捉成功（图 4-26、图 4-27）。

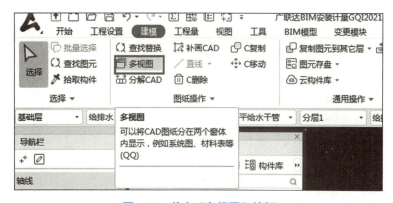

图 4-26　单击"多视图"按钮

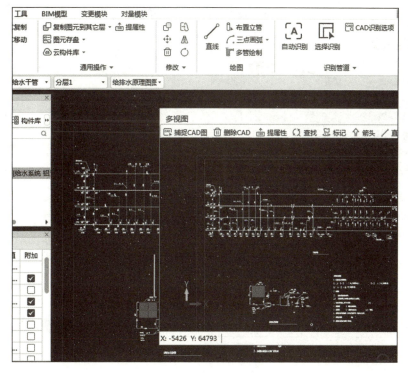

图 4-27　绘图区多视图

3）立管模型生成。所有属性信息设置完成后，单击"生成构件"按钮，构件列表中会自动生成对应构件，同时，构件属性信息也会在属性面板中自动生成。

此时绘图区中对应立管构件模型并没有生成，绘图区切换到"一层给排水平面图"，单击对话框中"智能布置"按钮，弹出"布置结果"对话框，单击"确定"按钮，完成立管的智能布置建模，弹出"CAD图层"对话框，隐藏CAD原始图层（图4-28～图4-30）。

图 4-28　自动生成立管构件

图 4-29　智能布置立管构件

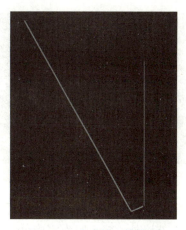

图 4-30　生成的立管模型

立干管识别建模

除单击"智能布置"按钮外，也可以选择对话框中任一管道构件，利用对话框中的"手动布置"功能按钮进行手动布置，此外，也可以单击布置完成的系统立管进行双击反查（图 4-31）。

（3）延伸水平管。水平管和立管建模后，由于立管图例与实际立管管径相差较大，造成立管与水平管并没有连接在一起，这时需要利用软件命令使水平管和立管相交。

单击"建模"选项卡的"管道二次编辑"下拉按钮，再单击"延伸水平管"按钮，根据状态栏提示，点选需要延伸的水平管，单击鼠标右键确认，弹出"水平管延伸范围设置"对话框，将水平管与立管延伸的最大范围设置为 200 mm，单击"确定"按钮后完成节点连接（图 4-32 ～图 4-34）。

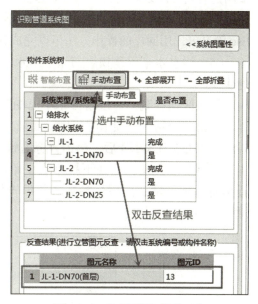

图 4-31　手动布置和构件反查

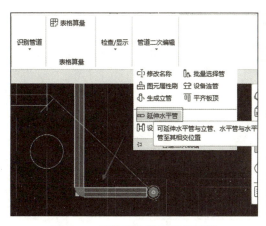

图 4-32　延伸没有连接的水平管

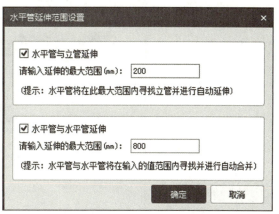

图 4-33　修改水平管延伸范围为 200 mm

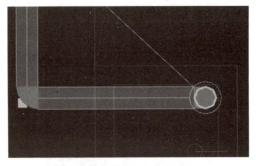

水平管和立管
延伸交接

图 4-34　延伸结果

（4）入户管设置。安装预算中给水入户管长度根据实际敷设情况分两种情况：一种是当外墙附近没有水表阀门时，以外墙外 1.5 m 作为室内外给水管道分界线；另一种是当外墙附近有阀门时以阀门为室内外管道分界线。

单击选择连接 JL-1 的水平干管，再次单击端编辑节点，置于最外阀门中心处单击，按 Esc 键退出，用同样的操作方法可以完成连接 JL-2 的水平干管入户管的设置。

（5）污水水平管建模。与水平给水干管相同，采用"选择识别"方式进行污水水平管的建模。

绘图区切换到"一层给排水平面图"，在导航栏树状列表中选择给水排水专业管道构件，单击"绘制"选项卡"识别"面板中的"选择识别"按钮，在绘图区依次单击 WL-1、WL-2、WL-3 和 WL-4 后，单击鼠标右键确认，弹出"选择要识别成的构件"对话框，单击"新建"下拉按钮，在下拉列表中单击"新建管道"按钮，同时根据污水水平干管设计信息对软件默认的属性参数进行编辑修改，单击"确认"按钮，完成污水水平管建模（图 4-35）。

图 4-35　新建污水水平管

（6）污水立干管建模。

1）属性定义。绘图区切换到"给排水原理图"，单击"绘制"选项卡"识别"面板中的"系统图"按钮，弹出"识别管道系统图"对话框，对话框中已经存有前期其他系统图管道构件，这里可以继续利用"提取系统图"功能进行其他系统图信息的读取。

单击"提取系统图"按钮，对话框消失，单击绘图区系统图上对应立管CAD线和标识，单击鼠标右键连续确认两次后，再次弹出"识别管道系统图"对话框，此时对话框中识别出的是一根立管，但是根据设计意图，这是四根同样信息的立管共用一根立管，可以通过复制方式复制出三根同样的立管，然后手动进行信息修改，标高信息根据系统图进行手动输入（图4-36、图4-37）。

图4-36 管道系统图识别

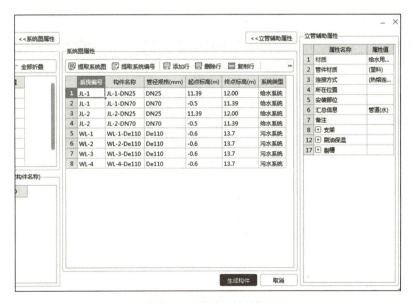

图4-37 管道属性编辑

立管属性编辑完成后，单击"生成构件"按钮，"识别管道系统"对话框的"构件系统树"中就会生成对应污水管构件，同时构件列表中也会出现对应构件，对应构件的属性面板中也会出现正确的构件属性（图4-38、图4-39）。

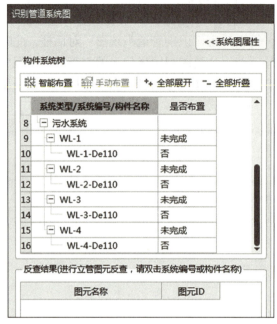
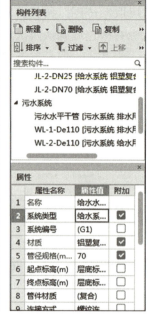

图4-38　生成构件　　　　　　　　　　图4-39　属性编辑

2）立管建模。绘图区切换到"一层给排水平面图"，调出"识别管道系统图"对话框，选择污水系统管道，单击"智能布置"按钮，弹出"布置结果"对话框，同时对话框的"构件系统树"下同步显示布置成功的和未布置完成的构件，单击"确定"按钮，其中没有布置成功的WL-4立管可以利用对话框中"手动布置"功能区完成（图4-40、图4-41）。

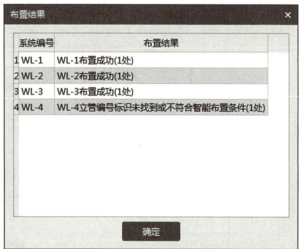

图4-40　"识别管道系统图"对话框　　　　图4-41　智能布置结果

（7）废水系统建模。废水系统建模操作方法同生活给水、污水系统建模，参照执行，不再赘述。

（8）污水、废水出户干管长度设置。根据一般安装预算要求，室内外排水管以出户第一个排水检查井为界线，外墙附近没有排水检查井，本工程没有明确位置，暂以 2.5 m 为室内外排水管道分界线，对于这种情况可以现场实际测量。

（9）工程量计算。单击"汇总计算"按钮后，软件自动执行工程量计算，与前面其他工程量计算操作类似，不再赘述。

二、卫生间卫生器具及管道建模

（1）详图比例检查和调整。卫生间卫生器具及管道建模一般是在卫生间大样图里进行的，因为大样图里给出了卫生器具及管道的准确敷设位置、类型、自然数量和规格等信息，但是大样图设计比例一般不同于对应平面图比例，往往会产生大样图实际标注的尺寸数据和实际测量出来的尺寸数据不一致的情况，这就会产生按图纸建模的长度构件工程量不符合实际的标注数据。这时如果需要两者一致，就需要进行大样图比例的调整。

绘图区切换到"卫生间一大样"图，单击"工具"选项卡"测量"面板中的"测量两点间距离"按钮（图 4-42），在绘图区大样图中，在图纸标注尺寸上测量任意两相邻轴线间的距离，连续单击相邻两轴线尺寸线端点后，单击鼠标右键确认，弹出测量距离"提示"对话框，如果正确就不需要进行比例调整，该卫生间大样图无须进行比例调整（图 4-43）。

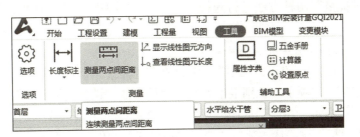

卫生间比例检查

图 4-42　单击"测量两点间距离"按钮

用同样的方法再进行其他大样图比例检查，经检查，所有大样图比例设置符合实际测量距离。

在大样图设置比例不符合要求，即详图中同样两点实际测量的距离与标注距离不符的时候可以进行比例的设置。单击"工程设置"选项卡"图纸预处理"面板中的"设置比例"按钮，单击"局部设置"单选按钮，框选要设置比例的 CAD 图纸（图 4-44）。单击鼠标右键确认后，根据状态栏提示，在对应大样图上选择一段尺寸线，连续单击尺寸线两端，弹出"尺寸输入"对话框，其中显示的距离如果与尺寸线标注距离不符时，按标注尺寸输入后，单击"确定"按钮，即可

图 4-43　测量距离

实现图纸比例的设置（图 4-45）。

图4-44　执行"设置比例"命令

图4-45　尺寸输入

（2）卫生器具建模。这里以"卫生间一大样"图为对象进行卫生间一卫生器具建模。卫生器具可以采用"设备提量""材料表"或"一键提量"方式进行建模，这里采用"设备提量"和"一键提量"两种方法进行建模，使用"材料表"方式的前提是设计图纸中要有相应材料表。

1）设备提量建模（图4-46、图4-47）。

①绘图区切换到"卫生间一大样"图，在导航栏树状列表中选择"卫生器具（水）（W）"，单击"建模"选项卡"识别卫生器具"面板中的"设备提量"按钮。

②根据状态栏提示，在绘图区中"卫生间一大样"图中点选或框选任一坐式大便器图例和文字，单击鼠标右键确认，弹出"选择要识别成的构件"对话框。

③单击"新建"下拉列表，新建坐式大便器，同时进行属性编辑，单击"确认"按钮后，卫生器具模型完成新建。

其他卫生器具模型的建立方法同坐式大便器，执行"设备提量"功能也可以进行建模。

图4-46　单击"设备提量"按钮

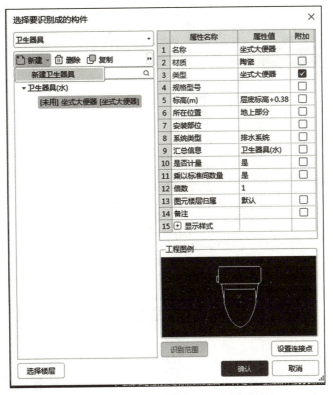

图 4-47　选择构件并属性编辑和楼层选择

2）"一键提量"建模。除前面利用"设备提量"功能建模的卫生器具外，其余的卫生器具可以利用"一键提量"功能一次性识别建模。

在导航栏树状列表中选择给水排水专业"卫生器具（水）（W）"，单击"建模"选项卡"识别卫生器具"面板中的"一键提量"按钮，单击鼠标右键弹出"构件属性定义"对话框，可以双击单元格图例列内容进入绘图区反查，删除不需要的图例行，其他行列内容根据需要进行删除或修改即可。单击"选择楼层"按钮，弹出"选择楼层"对话框，选择大样图，连续单击"选择楼层"和"构件属性定义"对话框中的"确定"按钮，完成对应卫生器具建模（图 4-48、图 4-49）。

余下没有识别或没有识别成功的卫生器具需要单独进行识别建模，这里可以利用"设备提量"进行建模，包括沐浴器和未识别的洗脸盆等卫生器具。

图 4-48　单击"一键提量"按钮

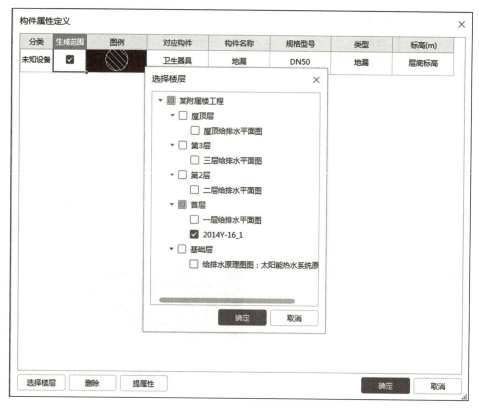

图 4-49 属性编辑和楼层选择

（3）卫生间给水横管建模。卫生间主要是给水排水横管的识别建模，部分主干管前面已经建好模型，只有一层的管道除外。还是以"卫生间一大样"图为例，这里的给水管道、排水管道建模操作方法同干管。具体操作如下。

1）在导航栏树状列表中选择给水排水专业下"管道（水）（G）"，单击"建模"选项卡"识别管道"面板中的"自动识别"按钮（图 4-50）。

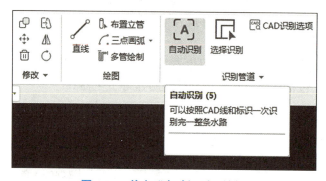

图 4-50 单击"自动识别"按钮

2）在绘图区中，根据状态栏提示，单击选择要识别的 CAD 线和标识，单击鼠标右键确认，本例大样图中没有规格标识，所以，根据系统图对应 CAD 线所代表的管道规格、标高等信息，在大样图中选择对应 CAD 线后，单击鼠标右键确认，弹出"管道构件信息"对话框（图 4-51）。

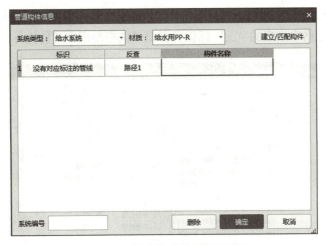

图 4-51　"管道构件信息"对话框

3）双击对话框中"反查"列对应单元格"路径 1"，单击单元格中的"..."按钮，反查相应路径管道，对话框消失，可以看到绘图区中要反查的构件呈绿色高亮显示，查看路径是否正确，可以重新选择和取消一些路径（图 4-52、图 4-53）。

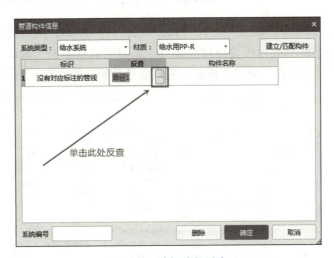

图 4-52　选择路径反查

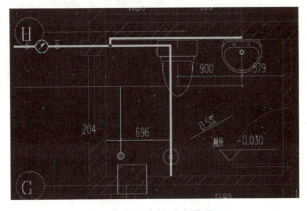

图 4-53　路径反查结果

4）路径检查无误后单击鼠标右键返回"管道构件信息"对话框，双击"构件名称"列对应单元格，单击单元格中出现的"..."标识，弹出"选择要识别成的构件"对话框（图4-54）。

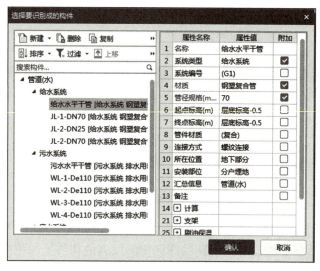

图4-54 构件选择

5）单击展开对话框中"新建"下拉列表，新建构件DN20，同时进行属性编辑，不能兼顾设置的属性等建模完成后再选择修改即可，编辑完成后单击"确认"按钮返回到"管道构件信息"对话框，单击"确定"按钮，完成管道建模（图4-55、图4-56）。

图4-55 选择构件

图 4-56 确定构件

卫生间横支管的建模

（4）卫生器具给水立支管建模。卫生间一大样里连接卫生器具的给水立支管规格直接根据对应系统图确定，包括坐式大便器、洗脸盆和沐浴器三个卫生器具要连接的立支管，从系统图上判断均为 DN15，但需要先把连接卫生器具给水立支管的横支管识别建模完成，然后软件会自动生成给水立支管。由于立支管建模前，卫生器具已经识别建模完成，所以立支管模型软件会自动生成。

目前存在的问题是，软件自动生成卫生器具立支管会造成工程量计算存在较大偏差，所以，这里采用手动方式绘制连接卫生器具给水立支管的横支管。具体操作如下：在构件列表中新建 DN15 给水管道，选择"卫生间—DN15"，单击"建模"选项卡"绘图"面板中的"直线"按钮，弹出"直线绘制"对话框，按属性要求设置好管道敷设要求，在绘图区中沿卫生器具给水横支管敷设路径手工绘制管道模型，此时软件会自动生成连接卫生器具和给水横支管的立支管，如果发现生成的属性有问题可以选中后单独进行调整。

在实际工程中，卫生器具下的给水立管需要根据卫生器具安装具体位置进行设置，平行墙的给水横支管过高或过低时需要引下管或引上管，所以，有时平行墙的给水横支管高度合适，只需要有一根 0.5 m 长的金属软管连接卫生器具和安装在墙上给水横支管上的角阀就可以，这里暂时按图纸设计给水管路径和软件内置规则建模（图 4-57～图 4-59）。

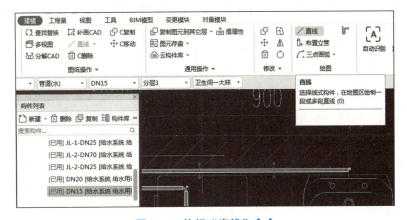

图 4-57 执行"直线"命令

图 4-58　设置标高

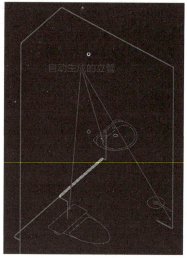

图 4-59　生成管线模型

（5）入户管调整。外墙附近有阀门，以阀门作为入户管的起点，单击入户管道，调整入户管道起点到阀门上即可。

（6）卫生间一排水横支管建模。排水可以采用与给水同样的方式进行建模，这里采用手工绘制方式进行建模，具体操作如下：在导航栏树状列表中选择给水排水专业管道构件，构件列表中新建卫生间一污水排水管道 De110 和 De11050，设置好管道属性后，单击"建模"选项卡"绘图"面板中的"直线"按钮进行绘制。具体操作同卫生间一手动绘制操作，出户管按 2.5 m 长度考虑。

（7）管道附件和阀门法兰。管道附件和阀门法兰比较特殊，有的在平面图中，有的在大样图中，有的甚至只在系统图中才有图例，平面图和大样图中的管道附件可以建模算量，也可以表格算量，系统图中的管道附件一般只采取表格算量方式，也可以采用识别建模方式。这里分别采用识别建模方式进行平面图管道附件建模和表格算量方式进行系统图中管道附件或部分卫生器具的算量。

1）识别建模。进行管道附件和阀门法兰识别建模时需要把其他图元隐藏，否则会进行重复识别。单击"视图"选项卡"用户界面"面板中的"图层管理"按钮，弹出"图层管理"对话框，单击"仅显示指定 CAD"按钮，弹出选定图元条件，点选"按图层选择"，根据状态栏提示，绘图区中框选需要显示的 CAD 图元，即"卫生间一大样"图元，单击鼠标右键确认后，其他图元隐藏，只显示"卫生间一大样"图元，然后进行卫生间一法兰阀门构件建模（图 4-60、图 4-61）。

在导航栏树状列表中选择构件法兰阀门，单击"建模"选项卡"识别阀门法兰"面板中的"设备提量"按钮，根据状态栏提示，点选或框选需要识别的阀门构件图元，单击鼠标右键确认，弹出"选择要识别成的构件"对话框，单击展开对话框中新建下拉列表，单击新建阀门，根据阀门实际属性进行默认属性编辑。单击"选择楼层"按钮，选择"卫生间一大样"后单击"确定"按钮，完成后单击"确认"按钮，完成"卫生间一大样"图元入户管上两个阀门的建模（图 4-62）。

图4-60　调出"图层管理"按钮

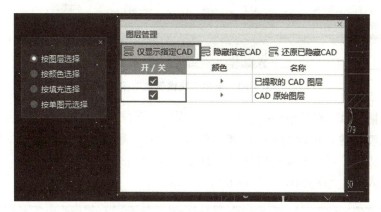

图4-61　图层管理窗口设定

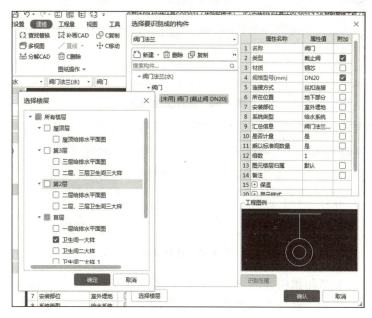

图4-62　构件选择和构件楼层选择

　　取消勾选"CAD图层"对话框中CAD原始图层前复选框，再次勾选后恢复所有CAD图元显示。

　　其他符合条件的构件图元可以采用同样的方法进行识别建模，前提是这些管道附件和阀门法兰是依附管道，所以，识别建模前必须先对管道进行识别建模。

　　2）表格输入。在"卫生间一大样"图元中需要进行"表格输入"算量的构件包括水嘴和角阀，参照 CAD 图样。

①在导航栏树状列表中选择给水排水卫生器具构件，单击"工程量"选项卡"表格算量"面板中的"表格算量"按钮，弹出"表格算量"对话框（图 4-63）。

图 4-63　单击"表格算量"按钮

②在"表格算量"对话框中，单击展开"添加"下拉列表，选择"卫生器具（水）"，添加一行构件水嘴，输入正确的属性值和工程量等信息，继续添加角阀等其他构件。表格构件信息输入完成后，对应导航栏树状列表中对应构件名称上会出现一个"★"，标明该类构件里有表格输入构件（图 4-64～图 4-66）。

图 4-64　选择卫生器具

图 4-65　选择角阀

（8）套管、止水节和预留孔洞建模。这里的套管是指桥架穿主体构件安装的套管。套管生成条件主要包含两个方面：一方面是桥架要穿过主体构件；另一方面是桥架穿越位置和主体构件要有一定的高差。进行套管布置还需要先生成套管附着的建筑构件，如墙体和楼板。建筑构件生成比较简单，利用建筑构件命令即可。

1）套管依附构件建模。

①墙体：在导航栏树状列表中选择建筑结构专业"墙（Q）"，单击"建模"选项卡"识别墙"面板中的"自动识别"

图 4-66　表格算量构件标记

按钮，鼠标光标移动到绘图区，分别选择同一墙段两条CAD边线后，单击鼠标右键，弹出"选择楼层"对话框，选择首层后单击"确定"按钮，软件即自动生成各段墙体，这里需要对墙体标高属性进行编辑，其他属性可以默认，这里只是借助墙体生成必要的套管（图4-67～图4-69）。

图4-67 单击"自动识别"按钮

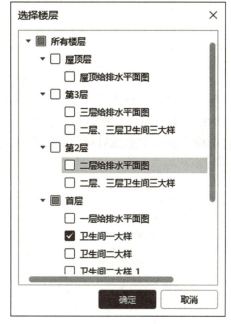

图4-68 选择楼层

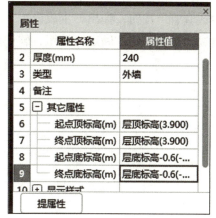

图4-69 墙体标高设置

②楼板：在导航栏树状列表中选择建筑结构专业现浇板构件，现浇板需要先在构件列表中建立现浇板构件后才能利用软件命令进行建模。

在构件列表中，单击展开"新建"下拉列表，单击"新建现浇板"按钮，软件自动新建一个现浇板构件，但是构件属性需要根据设计图纸要求进行编辑调整，这里需要对板的标高属性进行调整，其他属性默认即可。新建现浇板构件后，绘图区上方现浇板绘制命令会由灰色变成可操作状态的显色。

单击"建模"选项卡"绘图"面板中的"直线"按钮，然后鼠标光标在绘图区沿着楼板的边界线绘制现浇板即可，这里的土建楼板构件只是为了生成套管，无须太精确（图4-70）。

2）新建套管构件（此处仅说明方法，可以利用这种方式进行点布套管）。墙体和楼板构件生成后就可以布置穿墙和楼板的钢套管，单击导航栏"零星构件（水）（K）"构件列表"新建"行左端双三角构件库按钮，打开构件库后双击对应刚性防水套管后，构件列表中就会出现对应的刚性防水套管构件，此处属性为默认，后期再修改（图4-71）。

图 4-70　建立现浇板构件　　　　　　　　图 4-71　选择防水套管

3）套管、止水节和预留孔洞模型生成。单击"建模"选项卡"识别零星构件"面板中的"生成套管"按钮，弹出"生成设置"对话框，此处可以再次进行套管属性定义修改，属性设置完成后，单击"确定"按钮，软件自动按设置要求生成对应位置的套管（图4-72、图4-73）。

图 4-72　单击"生成套管"按钮　　　　　　图 4-73　设置构件套管

与管道同步的预留孔洞和止水节会自动生成，规格大小需要调整。

至此，卫生间一的所有管道、管道附件、阀门法兰和卫生器具设备全部识别建模完成，用同样的方法可以进行其他卫生间和各层平面图主干管道等图元构件的识别建模与算量。

三、设置标准卫生间

绘图区切换到一层卫生间三大样图，给水排水设备设施一般都集中在卫生间中，而且每层或同一层每个卫生间布置都相同，把类似这样的集中同样给水排水设备设施的房间称为标准间。因为标准间每个房间设备设施的安装位置、数量，规格型号和管道的布置路径完全相同，所以在建模算量时只要进行一个标准间的建模算量，其他卫生间的工程量只需要在标准间的基础上乘以倍数就可以。这里以二、三层卫生间三为对象进行标准间的操作。

（1）二、三层卫生间三标准间给水排水管道识别建模。选择导航栏树状列表中的给水排水专业，在构件列表中分别新建二、三层卫生间三 DN40、DN32、DN25、DN20、DN15管道，这里也可以不新建，主要是便于选择。不新建时利用同样材质规格的管道手动新建，可以随时调整管道标高属性，另外，软件在管道工程量统计时只按类型来统计，所以，只要规格材质一样统计工程量时没有任何差别。下面具体进行手工绘制。

在构件列表中选择 DN40 管道，单击"绘图"面板中的"直线"按钮，弹出"直线绘制"对话框，根据 DN40 管道标高修改该对话框中管道标高为"层顶标高 -0.290"，完成后按 DN40 路径绘制管道即可，单击鼠标右键确认，在构件列表中选择 DN32 构件，根据系统图标高修改"直线对话"框中标高为"层底标高 +1.1"后绘制 DN32，单击鼠标右键确认，继续绘制 DN25 管道、DN20 管道及同样规格不同标高属性的管道，直到绘制完成为止（图 4-74、图 4-75）。注意：JL-1 在平面图时已经识别建模完成，而且属性设置计量，所以大样图里的立管正常识别建模，但是属性设置为不计量属性。

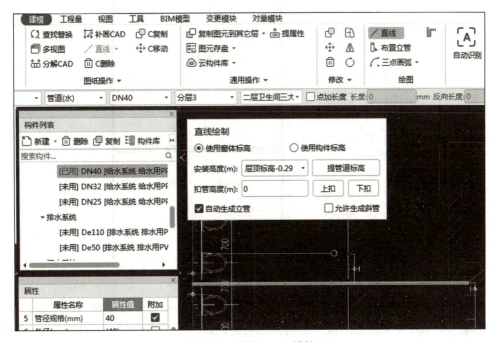

图 4-74　绘制 DN40 横管

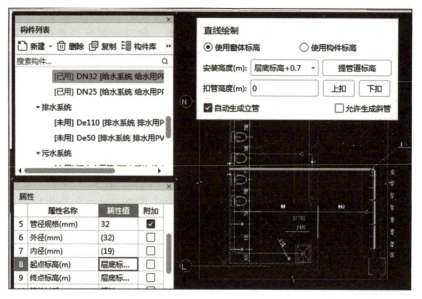

图 4-75　绘制 DN32 横管

（2）建立"标准间"。在导航栏树状列表中选择建筑结构专业下"标准间（E）"，此时，构件列表中会出现标准间，单击展开"新建"下拉列表，单击"新建标准间"新建一个标准间"二、三层卫生间三"。

（3）根据设计图纸信息，对新建标准间 BZJ-1 进行属性编辑，这里新建标准间是"二、三层卫生间三"，共有 4 个相同卫生间（图 4-76）。

图 4-76　新建标准间

（4）单击"建模"选项卡"绘图"面板中的"矩形"按钮，根据状态栏提示，框选一层卫生间三大样图所属绘图区域，单击鼠标右键确认，一层卫生间三标准间生成。可以采取同样的方法生成二、三层卫生间三标准间（图 4-77、图 4-78）。

图 4-77　选择矩形绘制方式

标准间的建立

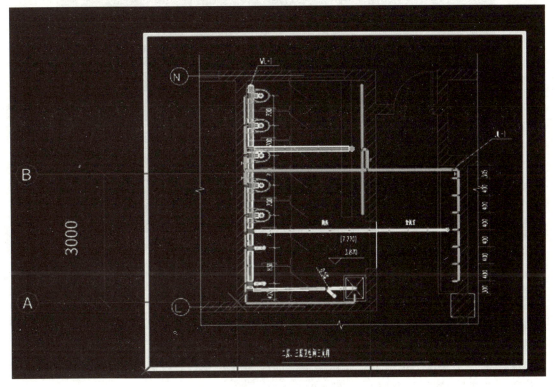

图 4-78　框选范围

（5）标准间套管、预览孔洞和止水节建模算量。标准间套管、预留孔洞和止水节建模算量同前面普通卫生间—套管、预留孔洞和止水节模型操作方法。

（6）标准间构件的修改调整。当标准间建立完成后，如果再次进行标准间构件识别建模，则后面增加的构件不会计入工程量汇总统计，这时需要取消原来的标准间，重新新建标准间。

绘图区切换到标准间，在导航栏树状列表中选择标准间模块，鼠标光标移动到标准间黄色边框上呈"回"字形时单击，边框变成蓝色选中状态，单击鼠标右键弹出快捷菜单，选择"删除"命令删除标准间边框，完成标准间删除。

待补充识别建模构件全部完成后，可以再次进行标准间的创建，原来的标准间的名称、数量等属性信息无须修改调整（图 4-79）。

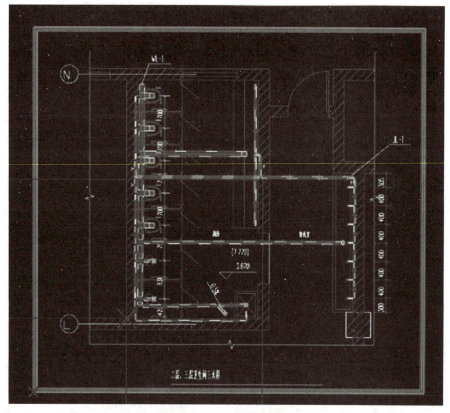

图 4-79　再次点选边框修改标准间

（7）标准间工程量计算查询。

1）工程量计算。标准间的工程量计算方法同前面任何专业任何构件工程量计算方法，只需单击"汇总计算"按钮，软件自动执行对应构件工程量的汇总计算。

2）工程量查询。标准间的工程量查询步骤如下。

①单击"工程量"选项卡"计算结果"面板中的"分类工程量"按钮，弹出"查看分类汇总工程量"对话框（图 4-80、图 4-81）。

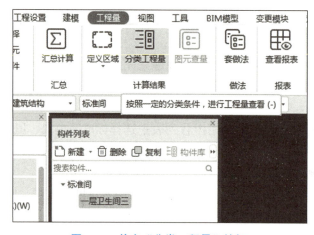

图 4-80　单击"分类工程量"按钮

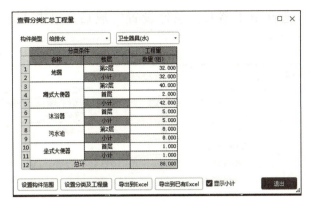

图 4-81　工程量查询

②单击"查看分类汇总工程量"对话框中的"设置分类及工程量"按钮，弹出"设置分类条件及工程量输出"对话框，可以在对话框中选择构件类型，设置分类条件和要输出构件的工程量项目。

构件类型先选择管道，分类条件选择标准间、系统类型和管道规格，构件工程量项目默认即可（图 4-82）。对话框中的分类条件也可以选择对应行，单击下方上移或下移按钮进行先后排序，排列在前面的分类条件具有优选分类级别。

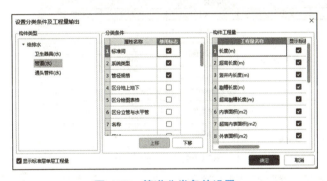

图 4-82　管道分类条件设置

③对话框内容设置完成后，单击"确定"按钮，软件按预先设置好的项目和条件导出工程量表格。部分内容表格如图 4-83 所示。

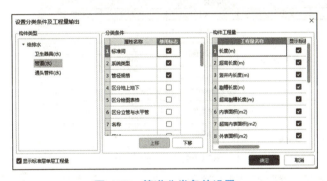

图 4-83　管道条件工程量查询

切换分类条件，选择卫生器具，条件设置完成后，单击"确定"按钮（图4-84、图4-85）。

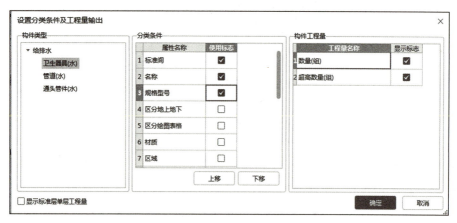

图 4-84　卫生器具分类条件设置

图 4-85　卫生器具条件工程量查询

任务三　雨水系统建模算量

🔍 任务描述

（1）识读附属楼雨水系统施工图纸，读取雨水系统算量关键信息。

（2）完成雨水系统模型的建立和工程量的汇总计算。

🔗 任务分析

（1）按生活给水排水设计说明→各层给水排水平面图→雨水系统图的顺序识读，理解雨水系统管道位置、走向、管到材质、规格型号等信息。

（2）按一定的顺序和正确的方法完成雨水系统构件、管道的属性设置和模型建立。

（3）雨水系统模型建立后，进行工程量的汇总计算和导出。

 任务目标

了解雨水系统相关制图规范、标准和图集；了解雨水系统施工图的识读方法和技巧；掌握雨水系统构件和管道的用途、属性和安装要求；掌握软件中相应各构件建模算量功能命令的操作步骤和方法等。

任务实施

雨水系统比较简单，主要由雨水斗、雨水管和雨水井等部分组成。其管道及管件识别建模的方法与生活给水排水系统相同。

一、属性定义

在导航栏树状列表中选择生活给水排水专业管道构件，在构件列表中单击展开"新建"下拉列表，单击"新建管道"按钮，新建雨水管，并对其属性进行编辑（图4-86）。

二、构件建模

（1）水平干管建模。单击"建模"选项卡"识别管道"面板中的"选择识别"按钮，在绘图区选择对应的雨水管 YL-Y2 系统水平干管 CAD 线，单击选中，单击鼠标右键确认，弹出"选择要识别成的构件"对话框，如果此时发现没有选择对应构件，可以再次选择，同时可以对对应管道属性再次进行检查编辑确认，正确无误后，单击"确定"按钮，干管识别建模完成（图4-87、图4-88）。

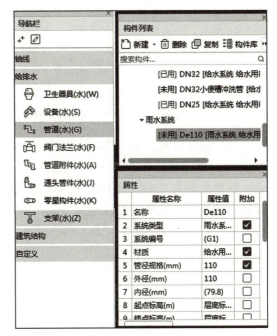

图 4-86　新建雨水管

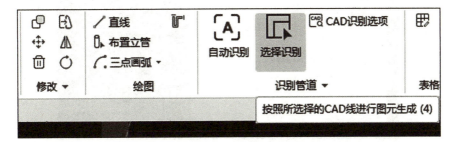

图 4-87　单击"选择识别"按钮

图 4-88　选择 De110 雨水管

（2）立管建模。单击"绘图"面板中的"布置立管"按钮，弹出"布置立管"对话框，根据 YL-Y2 雨水立管的起点、终点标高进行标高设置，在绘图区中立管对应位置点布置立管。该雨水管为二层露台雨水管，顶端带地漏。绘图区切换到二层给水排水平面图，布置立管顶端水平管，采用直线绘制方式，再次进行连接露台地漏的短立管布置，最终布置完成。属性所需图及完成图如图 4-89～图 4-94 所示。

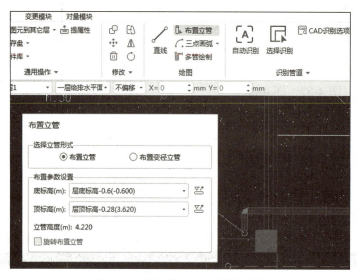

图 4-89　雨水管 YL-Y2 属性编辑

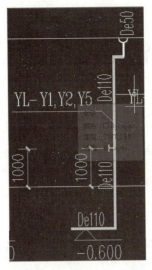

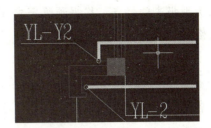

图 4-90　雨水管 YL-Y2 系统图　　**图 4-91　雨水管 YL-Y2 一层平面图**

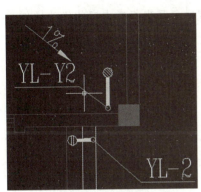

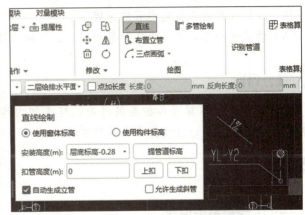

图 4-92　雨水管 YL-Y2 屋顶平面图　　　**图 4-93　雨水管 YL-Y2 顶端水平管属性编辑**

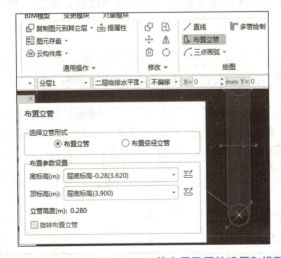

图 4-94　立管布置及属性设置和模型建立

其他雨水系统构件识别建模方法同 YL-Y2 系统。

任务四　文件报表设置和工程量输出

任务描述

了解不同类型报表的特点，根据预算需求设置个性化报表，同时导出符合要求的工程量汇总计算表格。

任务分析

（1）找出各种报表在软件中的位置，打开不同类型报表页面，了解各种类型工程量统计报表的特点。

（2）选择一种类型报表，同时选择一种类型设备或管线，在报表设置器中进行报表分类条件、级别及报表工程量内容的设置。

（3）尝试进行不同类型报表的导出操作，同时尝试进行导出报表内容的修改操作。

任务目标

了解安装工程预算书各种类型报表的格式和内容要求；熟悉软件中工程量汇总计算、报表设置和报表导出命令的操作步骤与方法。

任务实施

一、工程量报表设置

工程量报表设置可以参考电气照明工程等专业工程量报表设置，此处不再赘述。

二、工程量报表导出

单击"工程量"选项卡"汇总"面板中的"汇总计算"按钮，弹出"汇总计算"对话框，全选楼层列表后单击"计算"按钮，软件自动执行汇总计算命令（图4-95、图4-96）。

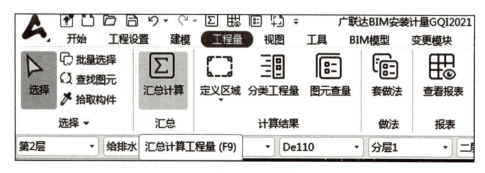

图4-95　单击"汇总计算"按钮

单击"工程量"选项卡"报表"面板中的"查看报表"按钮（图4-97），弹出"报表预览"对话框，在左侧专业列表里选择"给排水"专业，单击展开专业下拉列表，可以根据需要查看各种需求的工程量明细表，选择"工程量汇总表"里的管道设备报表，可以查看对应的管道、设备工程量信息。

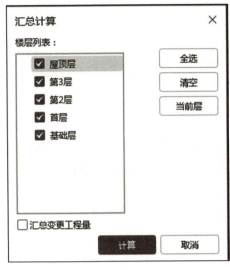

图 4-96 选择楼层

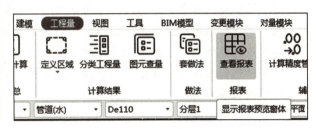

图 4-97 单击"查看报表"按钮

 任务考核评价

任务考核采用随堂课程分级考核和课后开放课程网上综合测试考核相结合的方式。

随堂课程分级考核可以采用课堂讨论、问答和针对必要任务进行实战演练的方式进行，需要教师根据课堂内容及学生理解、掌握知识的程度设置分层分级知识点问题和考核任务。

网上综合测试考核需要建立题库，实现随机组卷，学生自主安排测试时间（教师可以设定测试期限和决定是否允许学生延迟或反复测试），题型比较灵活。

 综合实训

综合实训一：进行一层卫生间卫生器具、设备、阀门法兰和管道的设备识别建模。

实训目的：正确读取一层卫生间卫生器具、设备、阀门法兰和管道建模信息；能进行一层卫生间卫生器具、设备、阀门法兰和管道的属性建立；掌握卫生器具、设备、阀门法兰和管道的识别建模方法。

实训准备：根据规范标准充分识读生活给水排水工程施工图，读取一层卫生间卫生器具、设备、阀门法兰和管道的关键信息；熟悉软件中关于一层卫生间卫生器具、设备、阀门法兰和管道的识别建模的步骤与方法。

实训内容和步骤：在导航栏下分别选择对应构件、设备 → 分别在属性面板中进行属性设置（或材料表功能进行构件属性建立）→ 在"建模"选项卡下分别选择卫生器具、设备、阀门法兰和管道操作命令 → 识别完成。

综合实训二：建立二层卫生间三标准层，并利用标准间进行项目中相同房间生活给水排水项目工程量的计算。

实训目的：

（1）了解软件中设立标准间的意义。

（2）能在软件中建立标准间，熟悉其操作方法和步骤。

（3）能处理标准间建立过程中常见问题。

（4）根据需要进行特定标准间工程量的汇总计算和查询导出。

实训准备：

（1）根据规范标准充分识读生活给水排水工程标准间施工图。

（2）进行标准间卫生器具、设备、阀门法兰和管道关键信息提取与识别建模。

（3）熟悉软件中关于标准间建立的步骤和方法。

（4）熟悉标准间工程量汇总计算和查询导出方法。

实训内容和步骤：

（1）标准间的建立。

（2）标准间构件设备的识别建模 → 标准间新建 → 标准间属性编辑 → 标准间建模。

（3）标准间工程量查询。

（4）工程量汇总计算 → 分类汇总工程量查看 → 分类条件及工程量输出设置 → 标准间工程量查询。

 同步测试

一、判断题

1. 软件中坐式大便器属于设备类构件。　　　　　　　　　　　　　（　　）

2. 洗脸盆可以用设备表命令识别建模。　　　　　　　　　　　　　（　　）

3. 卫生器具、零星构件和管道附件同样都可以利用"一键提量"、材料表与"设备提量"的方式进行识别建模。　　　　　　　　　　　　　　　　　　（　　）

4. 可以在各层平面图中直接利用材料表功能命令进行设备构件的信息提取。（　　）

5. 在广联达 BIM 安装计量 GQI2021 软件中，管道标高属性默认设置为管中标高。（　　）

6. 利用直线命令可以连续进行管道构件识别建模。　　　　　　　　（　　）

7. 布置立管的标高属性设置可以在属性面板中布置，也可以在布置立管命令中完成。
　　　　　　　　　　　　　　　　　　　　　　　　　　　　　（　　）

8. 设备与管道间立管的连接可以采用管道二次编辑命令完成。　　　（　　）

9. 管道的刷油防腐工程量的计算可以通过构件建模的方式生成。　　（　　）

10. 模型的分层模式属于图纸管理功能命令。　　　　　　　　　　　（　　）

二、单项选择题

1. 导入图纸后，实现绘图区图纸切换的方法正确的是（   ）。
   A. 在选项栏切换楼层和对应楼层图纸　　B. 再次导入对应图纸
   C. 图层管理　　　　　　　　　　　　　D. 图纸管理

2. 进行生活给水排水工程量计算时，图纸中没有对应模型的是（   ）。
   A. 穿墙套管　　　　B. 管道　　　　　C. 刷油防腐　　　D. 管道附件

3. 在绘图区操作软件时，如果需要隐藏 CAD 底图，则下列说法正确的是（   ）。
   A. 选择显示设置里的命令　　　　　　　B. 选择恢复界面里的命令
   C. 选择图层管理里的命令　　　　　　　D. 选择图纸管理里的命令

4. 在绘图区查看管道工程量的快捷方法是（   ）。
   A. 图元查量　　　　B. 检查回路　　　C. 汇总计算　　　D. 图元属性

5. 对绘图区相同图元构件同时全部选择可以采用（   ）。
   A. 框选绘图区　　　B. 选择识别　　　C. 批量选择管　　D. 批量选择

6. 下列关于批量选择命令说法正确的是（   ）。
   A. 批量选择可以一次性选择所有楼层的相同构件
   B. 批量选择只能一次性选择绘图区对应楼层的相同构件
   C. 多回路
   D. 选择识别

7. 下列方式中无法解决标准层工程量计算的是（   ）。
   A. 设立标准间　　　B. 楼层复制　　　C. 区域管理　　　D. 楼层设置

8. 生活给水排水管道的私有属性包括（   ）。
   A. 名称　　　　　　B. 系统类型　　　C. 材质　　　　　D. 管径规格

9. 下列关于标准间的说法错误的是（   ）。
   A. 导航栏给水排水专业设置标准间
   B. 导航栏建筑结构专业设置标准间
   C. 设置标准间前进行构件识别建模
   D. 标准间属性设置包括标准间名称和数量

10. 关于广联达 BIM 安装计量 GQI2021 软件工程量的计算方式说法，下列正确的是（   ）。
    A. 只能采用简约模式　　　　　　　　　B. 只能采用经典模式
    C. 包括经典模式和简约模式　　　　　　D. 不能套定额

11. 关于广联达 BIM 安装计量 GQI2021 软件的说法正确的是（   ）。
    A. 可以计价　　　　　　　　　　　　　B. 可以进行安装计量和套清单定额
    C. 只能进行安装构件建模算量　　　　　D. 两种模式界面和操作流程完全一样

12. 广联达 BIM 安装计量 GQI2021 软件默认的给水管道标高是（   ）。
    A. 管内顶标高　　　B. 管顶标高　　　C. 管底标高　　　D. 管中标高

13. 关于卫生器具，下列说法错误的是（   ）。
    A. 给水分界点为水平管与支管交接处
    B. 属于排水系统

C.属于给水系统

D.排水分界点为存水弯与排水支管交接处

14.广联达 BIM 安装计量 GQI2021 软件的 BIM 模型功能不包括（　　）。

A.模型合并　　　　B.模型深化设计　　　C.碰撞检查　　　　D.BIM 剖切

三、简答题

1.生活给水排水工程设计图纸导入软件后，如何处理平面图和大样图的比例设置、楼层设置与图纸分层？

2.大样图如何进行分割？可以进行重复分割吗？其定位可以和其他平面图统一设置吗？

3.在生活给水排水系统中，卫生器具排水管一般位于什么位置？可以用哪些方法进行布置？

4.一般卫生器具安装范围和给水排水管道的分界点在什么位置？

5.如何利用软件功能进行公共卫生间管道和卫生器具、设备的识别建模及工程量计算？

6.立管识别建模有哪些方法？系统图识别建模时绘图区需要对应吗？在识别管道系统图对话框中单击生成构件命令后会自动在对应的平面图中生成立管吗？

7.如果水平管道和对应的立管都识别建模完成，但是水平管道和对应连接的立管没有自动连接，在软件中如何进行操作？造成无法连接的主要因素是什么？

8.在平面图中进行主干管道识别建模后，大样图中同样的主干管道识别建模如何处理？

 案例分析

一、工程设计主要信息

附属楼工程地上 3 层，主体高度为 11.7 m，建筑面积为 4 986.7 m²。生活给水排水部分主要设计信息如下。

给水管道：给水干管采用钢塑复合管，丝接。给水立管及室内支管采用冷水用无规共聚聚丙烯 PPR 管，S5 系列，热熔连接。

排水管道：污、废水管均采用低噪声硬聚氯乙烯（PVC-U）塑料管，黏结连接。

雨水管道：雨水管均采用 PVC 管，胶黏剂黏结，管径大于 100 mm 的采用胶圈连接方式。

所有生活给水排水管管径的大小以系统图标注为准，管道敷设位置根据图纸确定。案例实操完整 CAD 图纸可以通过链接 https://kdocs.cn/l/ci9ZuVhasuYG 或扫描二维码下载查看。

某附属楼工程
水图

二、图纸关键信息分析

生活给水排水工程主要可分为生活给水系统、生活排水系统和雨水系统三部分（消防单列）。

1.生活给水系统

根据系统图分析，可分为 5 个独立的给水系统：一层卫生间一、一层卫生间二（小卫生间）、一至三层卫生间三、一层卫生间四、洗衣房和茶水间（大卫生间）。其中，一层卫生间三是一层标准卫生间，二、三层卫生间三是二、三层标准卫生间。

一层卫生间三，一共有4个标准卫生间，二、三层卫生间三，一共有8个标准卫生间。

一层卫生间一、一层卫生间二和洗衣房、茶水间均为一层才有。

一层卫生间一给水管道位置和走向分析：结合一层卫生间一详图和一层给水排水平面图可知，一层卫生间一给水管沿着Ⓗ轴线墙埋地0.5 m穿外墙基础进入卫生间一内和Ⓗ轴线与①轴线交点处立管连接，该立管在一层楼面0.3 m处分支水平管沿着①轴线方向布置，然后沿着Ⓗ轴线给卫生间里的坐式大便器和面盆给水，同时，立管顶端横支管沿着Ⓗ轴线水平布置一段距离后，沿着与①轴线平行方向给沐浴器给水立管供水。

其他给水管道位置、走向及和卫生器具、设备的连接识图可以采用类似的方法，即把平面图、详图和系统图结合起来理解即可，此处不再赘述。

2. 生活排水系统

生活排水系统与5个独立的给水系统相对应，即独立的5个排水系统。

生活排水系统管道的位置、轴向及和卫生器具设备的连接关系结合相应的系统图、详图和平面图识读即可。

3. 雨水系统

雨水系统管道布置比较简单，基本是单管独立布置在排水点处，此处分析从略。

4. 管道、设备、卫生器具和管道附件等构件关键信息读取

管道、设备、卫生器具和管道附件等构件关键属性信息可以通过设计说明与图例表提取。

三、软件操作

本部分涉及的生活给水排水工程建模的软件命令操作方法和步骤均已经在对应任务执行时进行了详细的分析说明，此处不再赘述。

项目五

消防工程 BIM 建模算量

项目介绍

分析识读消防工程施工图纸，读取算量关键信息 → 完成消防工程项目设置，进行 CAD 图纸管理 → 完成消防工程建模算量 → 进行工程量的计算和报表输出。

知识目标

（1）熟悉消防工程施工图识读方法。

（2）掌握消防工程软件建模算量思路及方法。

（3）掌握消防工程工程量计算、文件报表设置及工程量输出方法。

技能目标

（1）能够根据图纸进行消火栓、喷头及其他点式设备的识别建模。

（2）能够根据图纸信息进行消防管道和喷淋管道的识别建模。

（3）能够进行工程量的汇总计算，并根据需要进行报表设置和工程量输出。

素质目标

（1）做事先做人，德才兼备，精于技术，培养一丝不苟、精益求精的工匠精神。

（2）树立终身学习的理念，培养崇尚科学、求真务实的态度。

（3）树立团队意识，精诚合作，在集体事业中培养锻炼自己。

案例引入

本项目为某附属楼消防工程（CAD 电子图纸可以通过项目后面案例分析中的二维码进行扫描下载），根据工作方式的不同主要可分为普通消防工程和喷淋系统工程两部分，利用广联达 BIM 安装计量 GQI2021 软件对项目进行建模算量。

任务一　新建工程项目与 CAD 图纸管理

 任务描述

（1）识读附属楼消防工程图纸，读取项目新建和 CAD 图纸管理关键信息。
（2）新建消防工程项目，进行正确的 CAD 图纸管理。

任务分析

（1）通过分析附属楼工程施工图纸，了解建筑面积、结构类型、楼层标高、基础埋深等设计信息新建消防工程项目。
（2）导入 CAD 图纸，正确进行 CAD 图纸在软件中的比例设置、分割和定位。

任务目标

了解消防工程相关制图规范、标准和图集；掌握消防工程施工图的识读方法和技巧；掌握软件中项目新建和图纸管理功能命令的操作步骤与方法等。

任务实施

一、新建工程

（1）双击桌面上的"广联达 BIM 安装计量 GQI2021"图标，打开软件，进入新建工程界面，此处需要新建一个消防工程项目。

（2）单击工程列"新建"按钮，弹出"新建工程"对话框，根据工程实际需要进行信息编辑，工程名称为"某附属楼工程（消防）"，工程专业为"消防"，计算规则、清单库、定额库及算量模式的选择同给水排水工程（图 5-1）。

（3）工程计量计价信息编辑完成后，单击
"创建工程"按钮，进入建模算量界面。

（4）新建工程后，可以执行文件保存功能，
同生活给水排水工程。

二、楼层设置

单击"工程设置"选项卡"工程设置"面板中的"楼层设置"按钮，弹出"楼层设置"对话框，根据图纸设计信息进行楼层信息设置，具体操作过程同其他专业楼层设置，注意要单独设置一个屋顶层（图 5-2）。

图 5-1　"新建工程"对话框

三、图纸导入

单击"图纸预处理"面板中的"添加图纸"下拉按钮，在下拉列表中单击"添加图纸"按钮，弹出"添加图纸"对话框，选择"某附属楼工程（消防）"图纸，单击"打开"按钮，导入消防专业图纸（图5-3、图5-4）。

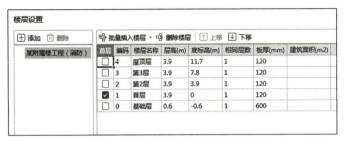

图 5-2　楼层设置　　　　　　　　　图 5-3　单击"添加图纸"按钮

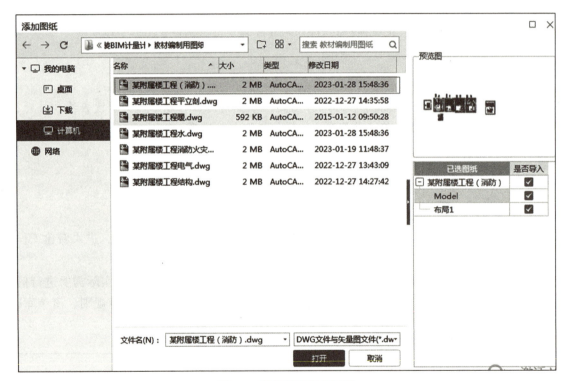

图 5-4　选择消防专业图纸

四、图纸分割

单击"图纸管理"对话框"添加"行右端双三角形下拉按钮，在下拉列表中选择"分层模式"，单击右三角按钮打开"手动分割"下拉列表，选择"自动分割"，软件自动执行图纸分割命令将图纸进行分割，具体注意事项同电气系统工程自动分割图纸（图5-5）。除自动分割功能外，软件还有手动分割图纸功能，参考电气系统工程手动分割图纸方法。

图 5-5　图纸分割

五、编辑楼层及分层关系

每张图纸都要有对应的楼层和分层，如果图纸名称中关键字表达了该图纸对应楼层信息，则直接按图纸名称的楼层信息确定软件中该图纸楼层信息设置。没有的全部放到基础层，也可以放到其他楼层，如对应楼层房间大样图，只是后面进行同一楼层图元构件识别建模时需要进行其他图元隐藏操作，否则软件会重复识别。

对应楼层的分层一般把同一系统的图纸放在同一分层里（图 5-6）。

具体图纸的楼层设置和分层同前面的电气、生活给水排水等专业图纸。

六、图纸定位

单击"图纸预处理"面板中的"自动定位"下拉按钮，在下拉列表中单击"自动定位"按钮后，软件会自动执行分割图纸的定位，也可以手动定位（图 5-7）。

图 5-6　楼层编辑和分层

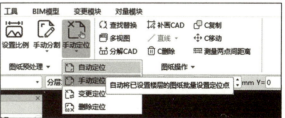

图 5-7　图纸定位

任务二　消防点式构件建模算量

🔍 任务描述

（1）识读附属楼消防工程施工图纸，读取消防工程算量关键信息。

（2）完成消防工程点式构件模型建立和工程量的汇总计算。

任务分析

（1）按消防工程设计说明→各层消防工程平面图→消防工程系统图的顺序识读，理解消防工程点式构件布置位置、规格型号等信息。

（2）按一定的顺序和正确的方法完成消防构件属性设置与模型建立。

（3）消防构件模型建立后，进行工程量的汇总计算和导出。

任务目标

了解消防工程相关制图规范、标准和图集；掌握消防工程施工图的识读方法和技巧；掌握消防工程点式构件的用途、属性和安装要求；掌握软件中相应构件建模算量功能命令的操作步骤和方法等。

任务实施

一、消火栓建模

室内消火栓明装，安装高度为 800 mm，箱内设 DN65×19 mm 水枪一支，DN65 mm水龙带一根，长为 25 m，消火栓口安装高度为 1.1 m。具体操作如下。

（1）属性建立。绘图区切换到"一层给排水平面图"，在导航栏树状列表中选择消防专业下消火栓，单击"建模"选项卡"识别消火栓"面板中的"消火栓"按钮，根据状态栏提示，在绘图区单击消火栓图例，单击鼠标右键确认，弹出"识别消火栓"对话框（图 5-8、图 5-9）。

图 5-8　单击"消火栓"按钮

图 5-9　"识别消火栓"对话框

在对话框中进行消火栓参数和连接形式进行设置，由于软件已经内存《05S4 消防工程》标准图集要求，所以各种类型消火栓支管参数和连接形式会自动生成，不用修改。

（2）模型建立。新建"消火栓"构件属性后，还需要根据设计图纸进行其他属性确认，单击"要识别成的消火栓"行右端三点"..."按钮，弹出"选择要识别成的构件"对话框，进一步完善消火栓属性信息，单击"确认"按钮后返回到"识别消火栓"对话框。再次单击"识别消火栓"对话框中的"确认"按钮，软件自动进行识别建模（图 5-10、图 5-11）。

消火栓建模

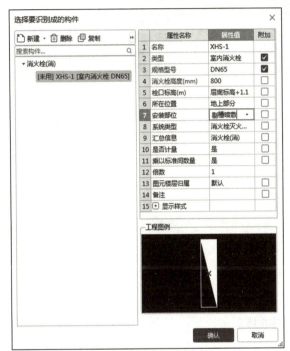

图 5-10　新建构件并进行属性编辑

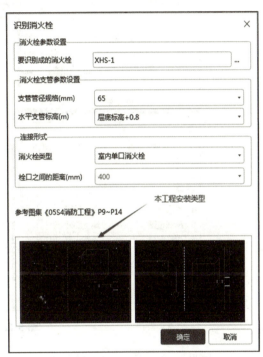

图 5-11　消火栓识别确定

（3）工程量参考。单击工程量汇总计算命令，首层消火栓工程量结果见表 5-1。

表 5-1　首层消火栓工程量

项目名称	工程量名称	单位	工程量
消火栓			
室内消火栓—DN65×19 水枪	数量	个	8.000

二、消防工程其他点式构件识别建模

消防工程其他点式构件包括喷头、阀门、水流指示器、末端试水装置等消防喷淋构件。规格随配水管径，喷头均为闭式自动喷洒头，喷头与顶板距离为 80 mm。

（1）喷头识别建模。

1）属性建立。在导航栏树状列表中选择消防专业"喷头（消）（T）"，在构件列表中新建各种规格的喷头。这里按普通水喷头考虑，打开构件列表中的构件库，双击水喷头，构件库中会新建各种规格水喷头构件，再根据设计图纸水喷头属性进行编辑（图5-12）。

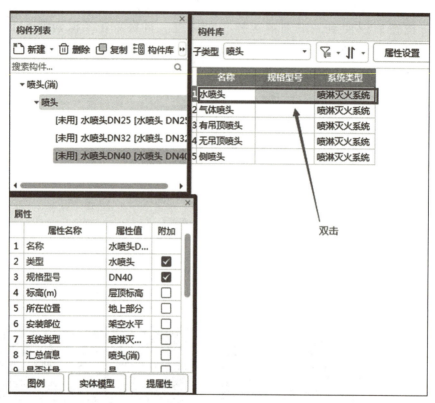

图 5-12　构件建立

2）模型建立。单击"建模"选项卡"识别喷头"面板中的"设备提量"按钮，根据状态栏提示，点选或框选对应规格构件图元的图例和文字（可不选），单击鼠标右键确认，弹出"选择要识别成的构件"对话框，再次进行构件确认无误后，单击"确定"按钮，此时可能弹出识别数量为零的提示，实际上就是识别的构件图元和构件图元的标志距离超过了软件默认的距离而无法作为一个整体进行识别，此时可以单击提示对话框中的"点此设置"按钮或在此之前单击"识别喷头"面板中的"CAD识别选项"按钮，弹出"CAD识别选项"对话框，修改对话框中"选中标识和要识别CAD图例之间的最大距离（mm）"的500 mm为1 666 mm，修改后单击"确定"按钮，重新进行设备提量及后续操作即可（图5-13～图5-16）。

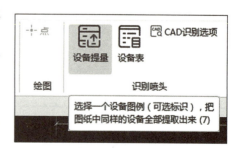

图 5-13　单击"设备提量"按钮

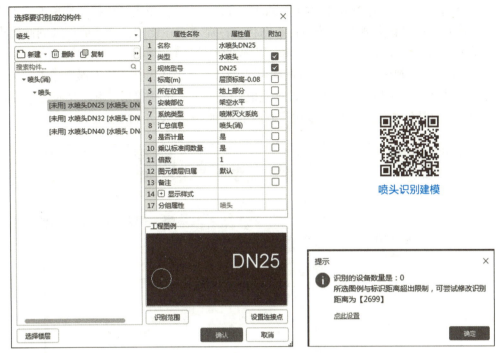

图 5-14　选择构件　　　　　　　　　　　图 5-15　识别结果提示

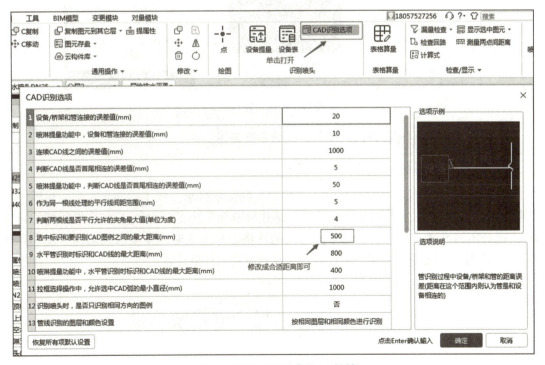

图 5-16　"CAD 识别选项"对话框

（2）依附性点式设备识别建模。管道附件和阀门法兰要先对管道进行识别建模后才能在此基础上生成对应依附性点式设备模型。

1）在导航栏树状列表中选择消防专业的阀门法兰构件，单击"建模"选项卡"识别阀门法兰"面板中的"设备提量"按钮，根据状态栏提示，在绘图区点选或框选闸阀图例和文字，单击鼠标右键确认，弹出"选择要识别成的构件"对话框。

2）选择对应闸阀构件，根据图纸闸阀设计信息再次确认属性正确无误后单击"选择楼层"按钮，选择楼层范围，楼层范围设置完成后，单击"选择楼层"和"选择要识别成的构件"中的"确认"按钮，软件自动进行闸阀的识别建模（图5-17）。

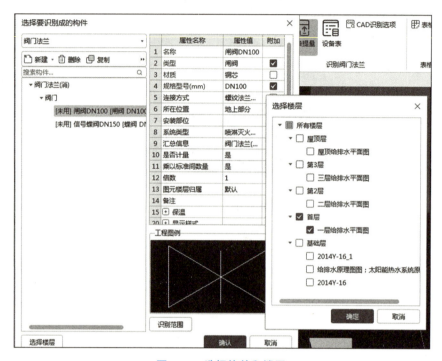

图5-17　选择构件和楼层

其他点式构件识别建模方法同闸阀，此处不再赘述。

三、套管、预留孔洞和支架识别建模

消防工程套管、预留孔洞识别建模方法同生活给水排水专业工程的套管识别建模，可以参考项目四的任务二"生活给水排水系统建模算量"中的"套管止水节和预留孔洞建模"，此处不再赘述。软件会自动根据管道的规格型号生成对应支架，只是软件按个数计算，不同的地方需要根据支架规格型号转化成对应的工程量计算。

任务三　消防工程管道建模算量

任务描述

（1）识读附属楼消防工程施工图纸，读取消防工程算量关键信息。

（2）完成消防工程管道模型建立。

（3）完成消防管道刷油防腐算量信息的设置。

（4）完成消防工程管道及其刷油防腐工程量的汇总计算和导出。

 任务分析

（1）按消防工程设计说明→各层消防工程平面图→消防工程系统图的顺序识读，理解消防工程管道布置位置、走向和规格型号等信息。

（2）按一定的顺序和正确的方法完成消防工程管道及其刷油防腐属性设置和相应管道模型的建立。

（3）进行消防管道及其刷油防腐工程量的汇总计算和导出。

任务目标

了解消防工程相关制图规范、标准和图集；熟悉消防工程施工图的识读方法和技巧；掌握消防工程管道的用途、属性和安装等要求及消防工程管道及其刷油防腐要求；掌握软件中相应消防工程管道建模算量和刷油防腐功能命令的操作步骤与方法等。

任务实施

一、消火栓系统管道建模

软件中设置了多种立管识别建模方法，可以采用"布置立管""系统图"等功能进行操作，同样的功能和其他专业操作方法相同，这里采用"布置立管"功能进行立管布置。

（1）消火栓立管。

1）构件建立。在构件列表中新建有关消火栓管道后，"绘图"面板中的"布置立管"按钮才会亮显可用，在构件列表中先新建相应的消防管道 XL-1 立管（材质等属性完全相同），其他根据需要再行新建。

2）布置立管。在导航栏树状列表中选择消防专业管道构件，单击"建模"选项卡"绘图"面板中的"布置立管"按钮，起点、终点标高设置完成后，鼠标光标移动到对应立管位置单击即完成对应立管布置（图5-18、图5-19）。

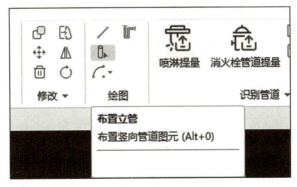

图5-18　单击"布置立管"按钮

消防立管布置

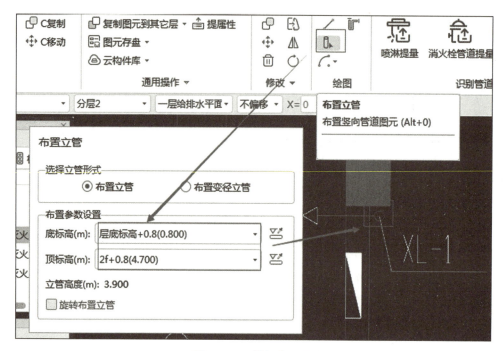

图 5-19　立管标高设置

其他立管布置方法同 XL-1 立管。

（2）消火栓水平管。水平管道路径反查步骤如下。

1）在导航栏树状列表中选择消防管道构件，单击"建模"选项卡"识别管道"面板中的"按系统编号识别"按钮，根据状态栏提示，在绘图区点选消火栓水平管线图元，单击鼠标右键确认，弹出"管道构件信息"对话框（图 5-20、图 5-21）。

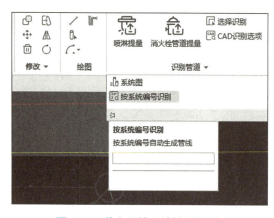

图 5-20　单击"按系统编号识别"

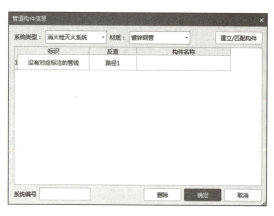

图 5-21　"管道构件信息"对话框

2）双击"管道构件信息"对话框中需要反查的水平管路径名称后，单击单元格中路径反查按钮，对话框消失，绘图区中反查路径上的水平管高亮显示，此时可以检测路径有无错误，重复的直接点选取消，确认无误后单击鼠标右键确认，再次弹出"管道构件信息"对话框（图 5-22）。

3）双击"管道构件信息"对话框中对应路径构件名称单元格，单击单元格中属性识别按钮（图 5-23），弹出"选择要识别成的构件"对话框。

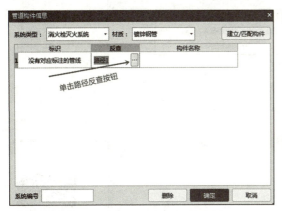

图 5-22　路径反查

图 5-23　单击属性识别按钮

4）单击展开对话框中的"新建"下拉列表，单击"新建管道"按钮，根据图纸设计信息进行属性编辑（图 5-24）。

图 5-24　属性编辑

5）单击"确认"按钮后，返回"管道构件信息"对话框，再次单击"确定"按钮后，软件自动进行对应图元构件的识别建模（图 5-25）。

消火水平管

图 5-25　确认构件信息

6）部分管道个性化属性信息可以选定单独修改，同时，按系统编号未能识别建模的构件可以利用手动方式绘制，包括连接消火栓的水平支管等消火栓管道。

（3）消火栓管道工程量。消火栓管道工程量结果见表 5-2。

表 5-2　消火栓管道工程量结果

项目名称	工程量名称	单位	工程量
管道			
镀锌钢管 -100	长度 /m	m	265.121
	内表面积 /m²	m²	88.288
	外表面积 /m²	m²	94.951
镀锌钢管 -65	长度 /m	m	13.540
	内表面积 /m²	m²	2.829
	外表面积 /m²	m²	3.211

二、自动喷淋系统管道识别建模

自动喷淋系统管道采用内外热镀锌钢管，管径 ≥ DN80 为卡箍连接，其余丝接连接。喷头碰头给水支管规格见本模块案例分析中的系统图和平面图（扫描二维码下载）。

（1）喷淋立干管道建模。根据系统图可知，自动喷淋系统只有一根立干管，非变径管，比较简单，直接用"布置立管"功能布置即可。具体操作如下。

1）在导航栏树状列表中选择消防专业管道构件，单击展开构件列表中的"新建"下拉列表，单击"新建管道"按钮，新建喷淋立干管 DN150（图 5-26）。

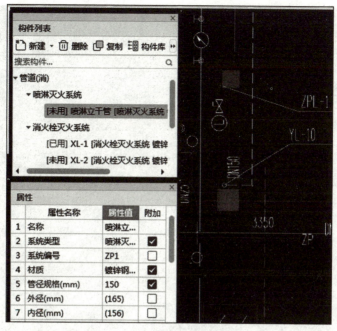

图 5-26　新建喷淋立干管 DN150

2）单击"建模"选项卡"绘图"面板中的"布置立管"按钮，弹出"布置立管"对话框，根据立管起点、终点标高设置标高信息（图 5-27）。

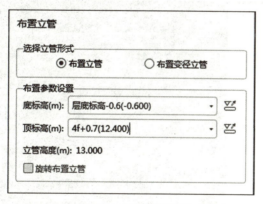

图 5-27　立管属性设置

喷淋立干管

3）在绘图区立管中心位置单击布置立管，即完成立管的识别建模。

（2）喷淋水平管道建模。

1）在导航栏树状列表中选择消防专业管道构件，单击"建模"选项卡"识别管道"面板中的"喷淋提量"按钮，根据状态栏提示，框选"一层给排水平面图"，框选范围的 CAD 图纸整体变成蓝色，单击鼠标右键确认，弹出"喷淋提量"对话框，同时对应的 CAD 图元变成粉红色模型亮显（图 5-28～图 5-30）。

图 5-28　单击"喷淋提量"按钮

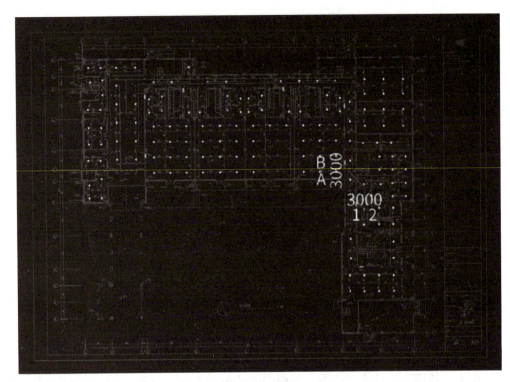

图 5-29　框选后蓝色亮显

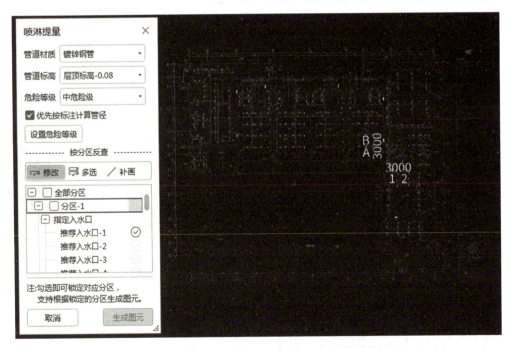

图 5-30　弹出"喷淋提量"对话框，图元模型亮显

2）在"喷淋提量"对话框中可以进行部分属性编辑，设置喷淋管道的标高、材质等属性。对话框中也可以实现绘图区图元精准反查修改。

单击分区内任一推荐入水口，绘图区会精准定位到对应入水口管道，并且高亮显示，可以进行管道位置和规格的精准核查，发现错误时可以进行修改。

"喷淋提量"对话框同时自动实现识别错误信息收集，可以单击错误类型下任一行错误信息进行精准定位，定位到的图元会高亮闪现，发现错误时可以绘图区进行修改（图5-31、图5-32）。

单击"喷淋提量"对话框中的"修改"按钮，在绘图区中单击错误管径标志信息，绘图区管径标志附近会出现信息修改提示，直接输入正确数字，按 Enter 键即完成修改（图5-31、图5-32）。

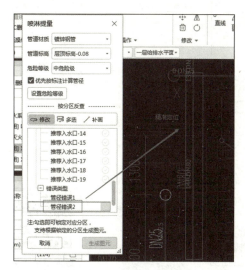

图5-31　定位错误位置

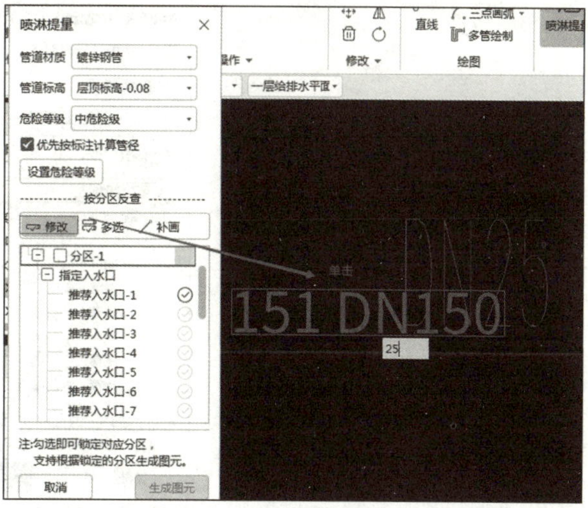

图5-32　修改管径

发现管径识别错误时也可以直接单击对应图元构件，单击右键确认取消错误管径识别，后期直接在构件列表中选择正确的图元构件手工绘制直线即可，也可以直接单击"多选"按钮后，分段单击选择要识别的构件图元，不点选识别建模时容易出错构件的 CAD 图元，单击鼠标右键进行确认或按 Enter 键识别成功（图5-33、图5-34）。

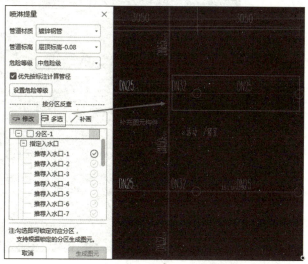

图5-33　错误管径信息

图5-34　补充识别 CAD 线图元

3）绘图区所有管道信息编辑无误后，在"喷淋提量"对话框中勾选"全部分区"复选框，此时对话框中"生成图元"按钮亮显，单击"生成图元"按钮后，绘图区CAD图元模型即生成，绘图区中原来取消识别，没有生成的图元可以进行手工补画即可，也可以单击选择进行局部属性修改，此处不再赘述（图5-35、图5-36）。

图5-35 选择分区并单击"生成图元"按钮

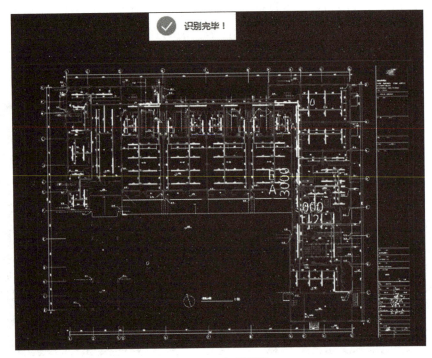

图5-36 生成图元

其他楼层喷淋管道识别建模方法同一层。

三、消防管道刷油防腐

消防管道刷底漆前要进行基层清理，包括附着在基层表面的灰尘、锈迹、污垢等附着物，明装管道红丹防锈漆两道，埋地管道热沥青两道。

消防管道刷油防腐无须建模，只需要在对应管道的构件属性中设置管道刷油防腐的属性参数即可。统计工程量时，软件自动执行刷油防腐工程量计算。

消防管道刷油防腐属性参数一般建议在对应管道模型生成后选择相应管道进行编辑，也可以在模型生成前进行设置。

消防管道刷油防腐具体操作如下。

（1）绘图区切换到"一层给排水平面图"，在导航栏树状列表中选择消防管道构件，单击"建模"选项卡"选择"面板中的"批量选择"按钮，弹出"批量选择构件图元"对话框。当前楼层状态下，勾选"管道（消）"复选框，单击"确定"按钮，这样就把所有楼层消防管道构件全部批量选中，在首层埋地管道上单击取消埋地管道的选择（图5-37）。

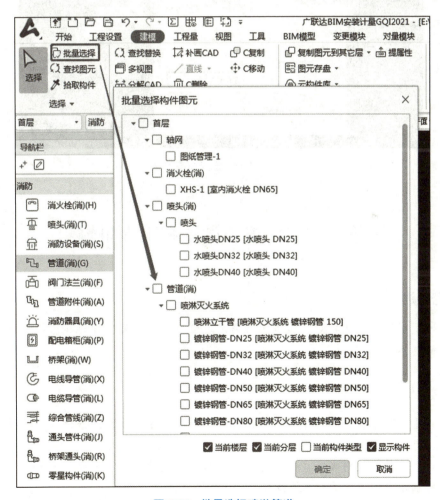

图 5-37　批量选择喷淋管道

（2）在属性编辑器的"刷油保温"处选择"红丹环氧漆"，输入后按 Enter 键或鼠标光标移动到空白处，软件自动给相应管道赋予油漆属性，按 Esc 键退出（图 5-38）。

全部选中埋地管道，执行与地上管道同样的方法，输入"沥青漆"。

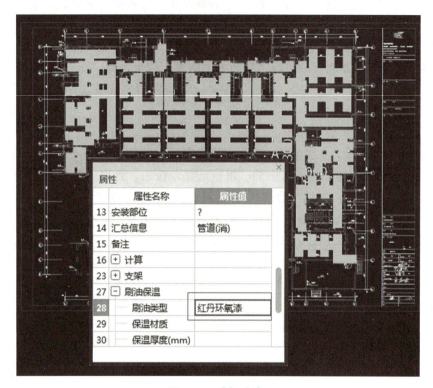

图 5-38　选择油漆

任务四　文件报表设置和工程量输出

任务描述

了解不同类型报表的特点，根据预算需求设置个性化报表，同时导出符合要求的工程量汇总计算表格。

任务分析

（1）找出各种报表在软件中的位置，打开不同类型报表页面，分析各种类型工程量统计报表的特点。

（2）选择一种类型报表，同时选择一种类型设备或管线，在报表设置器中进行报表分类条件、级别及报表工程量内容的设置。

（3）尝试进行不同类型报表的导出操作，同时尝试进行导出报表内容的修改操作。

任务目标

了解安装工程预算书各种类型报表的格式和内容要求；熟悉软件中工程量汇总计算、报表设置和报表导出命令的操作步骤与方法。

任务实施

一、工程量报表设置

工程量报表设置可以参考电气照明工程等专业工程量报表设置。

二、工程量报表导出

单击"工程量"选项卡"汇总"面板中的"汇总计算"按钮，弹出"汇总计算"对话框，楼层列表全选后单击"计算"按钮（图5-39），软件自动执行汇总计算命令。

单击"工程量"选项卡"报表"面板中的"查看报表"按钮，弹出"查看报表"对话框，在左侧专业列表中选择"消防"专业，展开下拉列表，可以根据需要查看各种需求的工程量明细表（图5-40）。

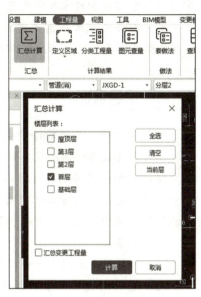

图5-39 "汇总计算"对话框

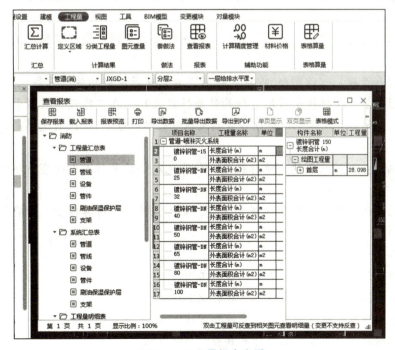

图5-40 工程量报表查看

任务考核评价

任务考核采用随堂课程分级考核和课后开放课程网上综合测试考核相结合的方式。

随堂课程分级考核可以采用课堂讨论、问答和针对必要任务进行实战演练的方式进行，需要教师根据课堂内容及学生理解、掌握知识的程度设置分层分级知识点问题和考核任务。

网上综合测试考核需要建立题库，实现随机组卷，学生自主安排测试时间（教师可以设定测试期限和决定是否允许学生延迟或反复测试），题型比较灵活。

 综合实训

综合实训一：利用软件命令分别完成一层生活给水排水平面图消防系统中消火栓、喷头、消防器具及其他消防设备等图元构件识别建模。

实训目的：正确读取消防系统中消火栓、喷头、消防器具及其他消防设备等图元构件算量信息；能进行消防系统中消火栓、喷头、消防器具及消防设备等图元构件的属性建立；掌握消防系统中消火栓、喷头、消防器具及其他消防设备等图元构件的识别建模方法。

实训准备：

（1）根据规范标准充分识读消防工程施工图。

（2）进行消火栓、喷头、消防器具及其他消防设备等图元构件关键信息提取和识别建模。

（3）熟悉软件中消火栓、喷头、消防器具及其他消防设备等图元构件识别建模的步骤和方法。

（4）熟悉消火栓、喷头、消防器具及其他消防设备等图元构件工程量汇总计算和查询导出方法。

实训内容和步骤：识读图纸 → 在导航栏下分别选择对应构件、设备 → 分别在属性面板中进行属性设置（或材料表功能进行构件属性建立）→ 在"建模"选项卡下分别选择消火栓、喷头、消防器具及其他消防设备等图元构件的功能命令 → 识别建模完成。

综合实训二：利用软件的"喷淋提量"功能完成一层平面图中所有喷淋管道图元构件的识别建模。

实训目的：能够进行喷淋管道提量操作，熟悉软件中"喷淋提量"功能的操作方法和步骤。

实训准备：

（1）根据规范标准充分识读消防工程施工图。

（2）进行消防喷淋管道关键信息提取和识别建模。

（3）熟悉软件中"喷淋提量"的步骤和方法。

（4）熟悉喷淋管道工程量汇总计算和查询导出方法。

实训内容和步骤：在导航栏下选择构件 → 在"建模"选项卡下选择"喷淋提量"功能 → 进行属性编辑 → 生成图元 → 进行工程量汇总计算 → 查看分类汇总工程量 → 设置分类

条件及进行工程量输出 → 进行喷淋管道工程量查询。

同步测试

一、判断题

1. 软件中消防器具包括消火栓。 （　　）
2. 软件中消火栓管道和消火栓箱连接方式有底面连接与侧面连接两种。 （　　）
3. 消火栓箱可以利用"一键提量"功能进行识别建模。 （　　）
4. 软件中消火栓默认高度是 1.0 m。 （　　）
5. 喷淋管道识别过程中发现规格识别错误时可以直接在操作界面修改。 （　　）

二、单项选择题

1. 软件中消火栓管道按（　　）计算工程量。
   A. 管道表面积
   B. 分规格、材质按数量
   C. 设计管道长度，扣除管道附件长度
   D. 设计图纸管道中心线长度
2. 按国标工程量清单计价方法进行管道综合单价组价，其综合单价与（　　）因素无关。
   A. 管道材质
   B. 管道接头连接方式
   C. 管道规格
   D. 管道敷设方式
3. 识别图元构件时，如果发现构件图元和其他构件为整体图块无法单独识别，则下列操作可行的是（　　）。
   A. 在其他地方复制
   B. 补画 CAD 图例
   C. 导入后分解图块
   D. 在构件库中直接调用
4. 软件中图纸预处理的正确顺序是（　　）。
   A. 导入图纸 → 设置比例 → 分割图纸 → 定位图纸
   B. 导入图纸 → 分割图纸 → 设置比例 → 定位图纸
   C. 导入图纸 → 定位图纸 → 分割图纸 → 设置比例
   D. 导入图纸 → 设置比例 → 定位图纸 → 分割图纸
5. 软件中消火栓识别可用的方法包括（　　）。
   A. 设备表
   B. CAD 识别选项
   C. 一键提量
   D. 设备提量、消火栓
6. 软件中喷淋管道一次性整体识别的正确方法是（　　）。
   A. 消火栓管道提量
   B. 选择识别
   C. 喷淋提量
   D. 材料表
7. 软件中消防管道图元构件私有属性包括（　　）。
   A. 名称
   B. 材质
   C. 接头连接方式
   D. 管径规格
8. 完整的消防系统零星构件不包括（　　）。
   A. 套管
   B. 预留孔洞
   C. 支架
   D. 接线盒

9. 自动喷淋系统的组成包括（　　　）。

    A. 水流指示器   B. 消火栓

    C. 水龙带   D. 水枪

10. 属于消防电缆的是（　　　）。

    A. 火灾显示盘信号线   B. 消防手动控制线

    C. 消防广播线   D. 消防电话线

三、简答题

1. 消防系统给水需要设置成独立的给水系统吗？为什么？

2. 普通消防系统和自动喷淋系统的主要区别是什么？

3. 进行消火栓识别建模时需要设置哪两个高度参数？栓口距离是多少？参考的标准图集是什么？

4. 自动喷淋系统中喷头规格如何确定？

5. 如何利用漏量、漏项检查功能命令进行图元构件漏量、漏项检查？

6. 如果想在绘图区既进行图元构件识别建模，又想进行原图查看，应该如何操作？

 案例分析

一、工程设计主要信息

附属楼工程地上 3 层，主体高度为 11.7 m，建筑面积为 4 986.7 m²。生活给水排水部分主要设计信息如下。

喷头规格随配水管径，均为闭式自动喷洒头，喷头与顶板的距离为 80 mm。室内消火栓明装，安装高度为 800 mm，箱内设 DN65×19 mm 水枪一支，DN65 mm 水龙带一支，长为 25 m，消火栓口安装高度为 1.1 m。消火栓管道均为镀锌钢管法兰连接，管道布置见设计图纸。

喷淋管道规格以系统图标注为准，管道敷设位置根据图纸确定。案例实操完整 CAD 图纸可以通过链接 https://kdocs.cn/l/ci9ZuVhasuYG 或扫描二维码下载查看。

某附属楼工程
水图

二、图纸关键信息分析

（1）整个消防工程包含普通消防系统和自动喷淋系统两个独立的系统。

1）普通消防系统。普通消防系统有两个独立的水源，来自前期工程的地下室消火栓管网，分别连接附属楼普通消防系统给水立管 XL-5 和 XL-6，其他所有消火栓管道的供水均由给水立管 XL-5 和 XL-6 完成，连接给水立管 XL-5 和 XL-6 的水平管道分别在室内地坪下 0.500 m 处沿着Ⓜ轴线和库房南边墙体方向进入室内。给水立管 XL-1 ～ XL-8 分别给一层、二层对应消火栓供水，三层消火栓供水分别由 XL-3 ～ XL-6 完成。

2）自动喷淋系统。自动喷淋系统水源也是来自地下室给水管网，连接湿式报警阀。喷淋管道从地下 0.600 m 处沿着⑥轴线方向由北向南连接到 ZPL-1 上，然后主喷淋立管 ZPL-1 在每层分支处通过一根走顶布置的喷淋横支管给各处的喷头供水。

（2）管道、消火栓、卫喷头和其他构件关键信息读取。

管道、消火栓、卫喷头和其他构件关键属性信息可以通过设计说明和图例表提取。

三、软件操作

本部分涉及的生活给水排水工程建模的软件命令操作方法和步骤均已经在对应任务执行时进行了详细的分析说明，此处不再赘述。

模块二　安装工程 BIM 计价

项目六　安装工程 BIM 计价方法

📂 项目介绍

　　本项目以电气照明工程为例进行项目清单计价，算量软件中套清单做法或者计价软件中新建投标项目后，直接进行清单项目设置、费用调整和定额换算，最后导出预算书。

💡 知识目标

　　（1）熟悉软件计价程序和方法。
　　（2）掌握各清单项目的编制方法。
　　（3）掌握定额换算方法和价格费用调整方法。
　　（4）掌握报表设置和导出方法。

⚙ 技能目标

　　（1）能够进行工程量清单项目编制和整理。
　　（2）能够进行清单项目组价、费率设置和费用调整。
　　（3）能够进行报表个性化编辑和输出。

📝 素质目标

　　（1）具备严谨、细致的工作素养，报价过程准确无误，能够正确地进行清单项目组价。
　　（2）具有敏锐的市场感知力，能够根据市场变化合理调整工程价格和费用。
　　（3）严守职业底线，树立高尚职业情操，不唯利是图，不损害企业任何利益。

🏃 案例引入

　　本项目以某附属楼电气照明工程为例，利用广联达擎洲云计价平台 GCCP6.0 软件进行安装工程软件计价的讲解，主要包括套清单做法、清单项目输入和设置、费用和价格调整、定额换算、报表设置和导出等内容。

任务一　套清单做法

 任务描述

（1）了解软件计价流程。

（2）选择正确的清单库。

（3）完成套清单做法。

任务分析

（1）套清单做法的选择和确定。

（2）检查前期新建算量项目时是否正确地设置了清单库，如果没有设置或设置错误则再次进行设置。

（3）选择自动套用清单做法，并进行编辑和调整。

任务目标

了解计量软件和计价软件的主要功能；了解套清单做法的软件操作方法；熟悉清单、定额库的作用和选择方法。

任务实施

在计价软件中导入预算项目之前，可以在算量软件中进行套清单做法设置。

一、清单库设置

单击"工程设置"选项卡"工程设置"面板中的"工程信息"按钮，弹出"工程信息"对话框，查看是否已经设置本工程项目预算的清单库，本工程以"工程量清单项目计量规范（2013-浙江）"为计价依据进行套价计算费用，如果开始新建工程项目信息时没有选择对应的清单库，在此可以重新设置清单库（图6-1）。

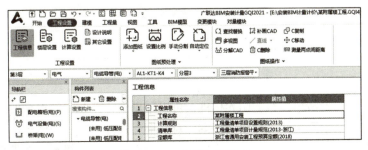

图6-1　清单库设置

二、套清单做法介绍

进行套清单做法前，必须先进行建模界面的工程量汇总计算，否则，集中套做法界面命令均为灰色，无法执行"套做法"命令。

在导航栏中选择电气照明工程专业，单击"工程量"选项卡"做法"面板中的"套做法"按钮（图6-2），弹出"集中套做法"对话框，在此对话框进行套做法设置。操作步骤如下。

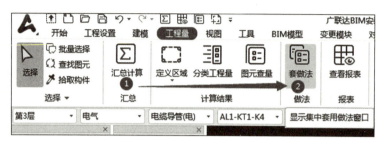

图6-2 套清单做法

（1）在"集中套做法"对话框中单击"自动套用清单"按钮，软件会根据内置的清单库，自动匹配图元构件对应的清单项目，自动套用清单前匹配项目特征命令为灰色（图6-3）。

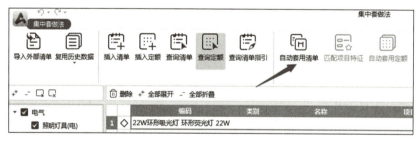

图6-3 自动套用清单

（2）自动套用清单后，匹配项目特征命令为亮色显示。单击"匹配项目特征"按钮，软件会根据图元构件属性自动对匹配的清单项目赋予清单项目特征（图6-4）。

图6-4 单击"匹配项目特征"按钮

（3）没有自动匹配清单项目的图元构件，可以手动进行匹配，选择需要匹配清单项目所在行，单击"插入清单"按钮，弹出"查询"对话框，选择对应三级清单项目，在此基础上再选择四级清单项目双击，即可完成对应项目的清单套取，第五级编码软件会自动生成。清单项目匹配后双击"项目特征"单元格，单击"..."按钮，弹出"项目特征"对话框，进行项目特征编辑，也可以重新再次单击"匹配项目特征"按钮后由软件自动匹配（图6-5）。

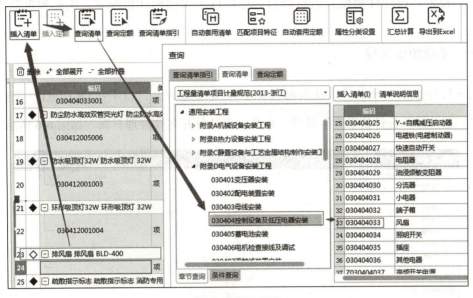

图 6-5　插入清单

在软件中也可以直接选择对应行，单击"查询清单"按钮进行图元项目、清单项目匹配和项目特征设置，或者单击"清单指引"按钮也可以进行清单项目套取。

集中套做法

三、汇总计算

在"集中套做法"对话框中单击"汇总计算"按钮，套做法后进行清单工程量计算。

任务二　新建投标项目

🔍 任务描述

新建工程项目，正确选择计价模式。

🔗 任务分析

打开软件→新建投标项目→编辑单位工程→编辑工程信息→进行取费设置。

📚 任务目标

读取工程关键信息，了解软件操作流程。

任务实施

该工程采用投标计价模式进行计价，也可以采用招标计价模式，实际根据需要选择即可。

一、新建单位工程

（1）打开 BIM 计价软件。在桌面上双击"广联达擎洲云计价平台 GCCP6.0"图标，打开"广联达擎洲云计价平台"软件。软件会自动打开文件管理界面，如图 6-6 所示。

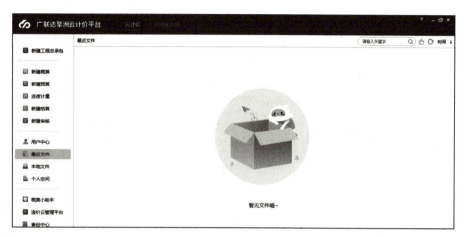

图 6-6　文件管理界面

（2）新建投标项目。单击"新建预算"按钮，打开新建预算文件命令界面，单击"投标项目"按钮，地区选择"浙江省属"，计税方式选择"一般计税"，计价模板选择"浙江省 2013 清单投标"（图 6-7）。

图 6-7　新建预算界面

（3）单击"立即新建"按钮，打开"新建 - 浙江省 2013 清单投标"单项工程、单位工程设置界面，单击"新建单项工程"按钮新建单项工程"某附属楼工程"，输入建筑面积 4 986.7 m²，新建单项工程后在此基础上单击"新建单位工程"按钮新建单位工程，选择通用安装工程专业，同时输入建筑面积 4 986.7 m²，单击"确定"按钮（图 6-8 ～图 6-10）。

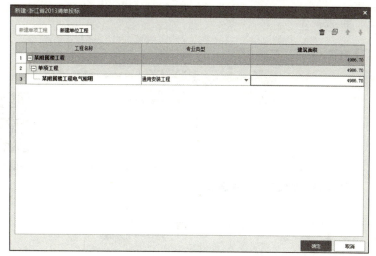

图 6-8　新建单位工程

新建单位工程

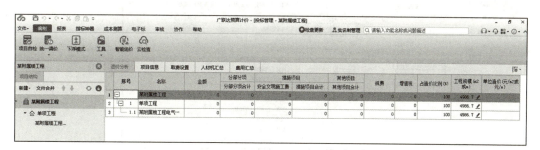

图 6-9　造价指标信息确认

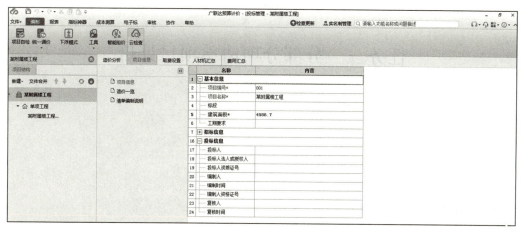

图 6-10　单项工程信息确认

二、编辑单位工程

选择单位工程"某附属楼工程电气照明",进入单位工程预算书编制界面,分别进行工程概况、取费设置等信息设置,此处专业选择"电气工程"(图6-11、图6-12)。

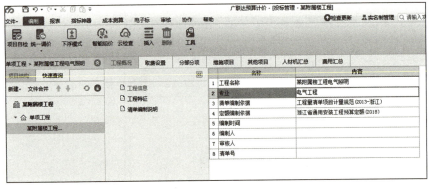

单位工程编辑
设置

图6-11 单位工程信息确认

图6-12 单位工程费率设置

任务三 分部分项清单项目计价

任务描述

编制分部分项清单项目。

任务分析

选择分部分项清单模块→设置工程量清单→输入工程量→编辑项目特征→进行项目整理→进行综合单价组价→进行定额换算→进行单价调整。

任务目标

掌握分部分项工程量清单内容和编辑方法；了解软件操作流程。

任务实施

选择单位工程电气工程，单击界面中的"分部分项"预算模块，进入电气分部分项工程项目输入编辑界面（图 6-13）。

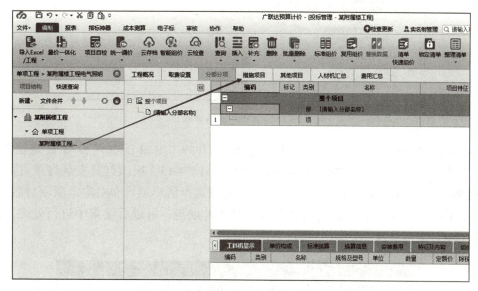

图 6-13　电气分部分项工程项目输入界面

一、分部分项工程量清单项目输入

根据算量软件清单"套做法"结果进行分部分项工程量清单信息输入，可以采用查询输入、快速查询输入、直击输入清单编码等方式进行清单信息输入。

（1）查询输入。双击编码行编码单元格打开查询窗口，或单击选择编码单元格，再单击上部菜单中"查询"下三角按钮，在下拉列表中选择"查询清单指引"或"查询清单"选项都可以打开"查询"对话框进行清单信息输入（图 6-14、图 6-15）。

图 6-14　查询输入命令

分部分项工程
输入

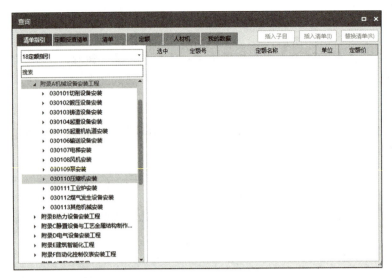

图 6-15　选择对应清单项目

在弹出"查询"对话框中，单击清单指引下的"附录D电气设备安装工程"—"030412照明器具安装"，右侧选择对应的定额项目"4-13-1 吸顶灯具安装灯罩直径（mm以内）250"，单击对话框上部"插入清单"按钮或选择清单项目和对应定额项目后双击清单项目，弹出的"换算和未计价材料"对话框暂时取消，可以后续集中进行处理，这样，完成清单项目查询输入（图6-16、图6-17）。

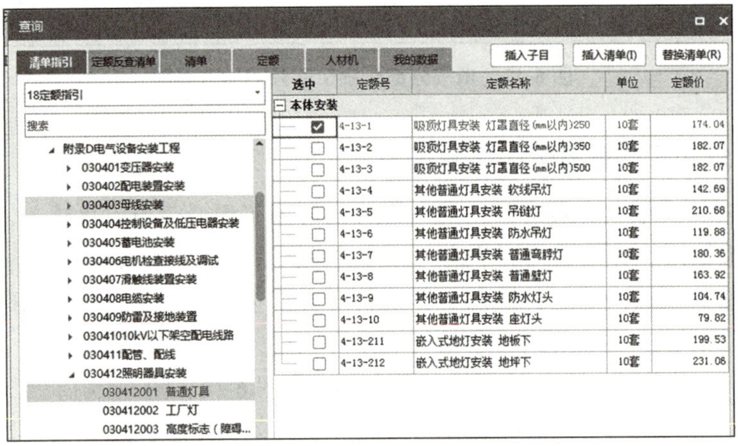

图 6-16　选择清单项目包含的定额项目

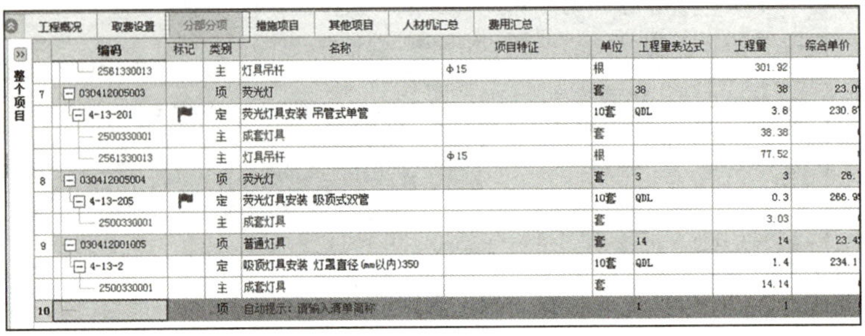

图 6-17　清单项目查询输入

（2）快速查询输入。单击选择需要输入清单编码的单元格，在左侧导航栏中单击"快速查询"按钮，打开快速查询清单定额库后，选择"清单项目030412001普通灯具"→"定额项目4-13-1吸顶安装 灯罩直径（mm以内）250"后，弹出"换算和主材价格编辑"对话框，直接关闭，后续再进行换算和计价。到此完成清单项目快速查询输入，同时进行安装工程量输入（图6-18、图6-19）。

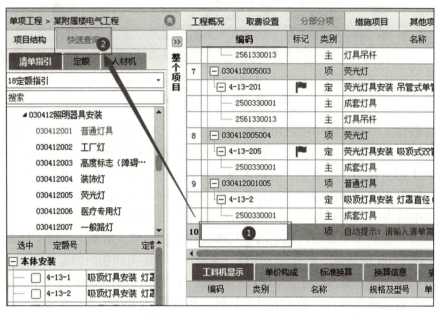

图6-18 单击"快速查询"按钮

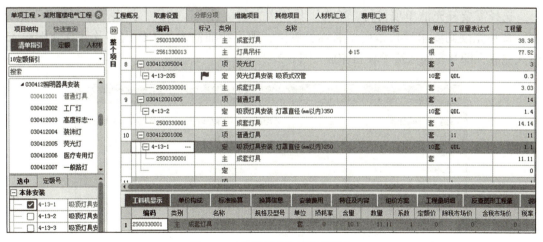

图6-19 清单项目快速查询输入

（3）编码输入。单击选择要输入清单编码的清单项目单元格，输入"030412004001"后按Enter键，完成清单项目输入，单击清单项目对应的定额单元格，单击"..."按钮，打开定额库项目，选择4-13-156定额项目。同样关闭弹出的换算对话框和主材信息编辑对话框，完成清单项目编码输入（图6-20）。

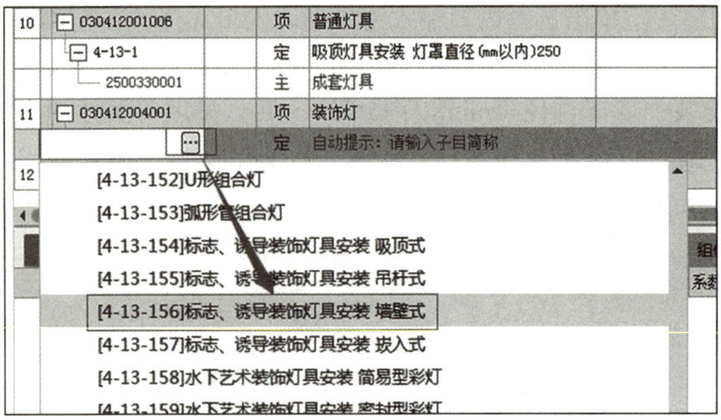

图 6-20 清单项目编码输入

（4）简码输入。安装清单项目由五级编码，共十二位阿拉伯数字组成，前四级编码由9位阿拉伯数字组成，分别是附录顺序码03、两位专业工程顺序码、两位分部工程顺序码和三位分项工程项目顺序码名称。前四级编码全国统一，任何工程都是相同的，最后一级编码是清单编制人自行编制的清单项目名称顺序码，软件可以自动生成最后一级编码，所以，在软件中输入前四级编码后，按 Enter 键可以直接生成对应清单项目。

后续输入其他清单项目时，如果前面几级编码相同，则只需输入后面不同编码的完整编码位数字按 Enter 键即可，软件会保留前一条清单项目的前面相同的编码。

输入清单项目后，插入对应清单项目的定额子目，其他操作与编码输入一样。

（5）补充输入清单项目。输入清单项目时，如果清单库中的清单项目缺项，则需要清单编制人根据清单项目编制内容和方法，结合实际预算项目的特征内容补充输入新的清单项目。

选择需要补充清单项目行，单击工具栏上方的"补充"按钮，弹出"补充清单"对话框，按补充规则要求进行编码、名称、单位、项目特征输入，工作内容及计算规则输入。输入完成，即补充输入清单项目完成（图6-21）。

图 6-21 输入补充清单项目界面

二、工程量输入

工程量输入有直接输入和工程量表达式输入两种方式。

（1）直接输入。在对应清单项目行工程量单元格直接输入对应清单工程量数据后按
Enter 键或单击空白处即可。本案例前面在输入清单项目时，也在同步进行工程量输入。

（2）工程量表达式输入。进行工程量计算时，如果要进行数值基本运算，可以采取工
程量表达式形式进行计算。正常情况下，在软件清单输入界面会显示"工程量表达式"单
元格；同时，可以单击关闭按钮进行关闭（图 6-22）。

图 6-22　工程量表达式输入

当单击"关闭"按钮后对应"工程量表达式"单元格所在列隐藏，可以将鼠标光标放
在清单项目输入行所在区任何处单击鼠标右键，弹出快捷菜单，单击"页面显示列设置"
按钮，弹出"页面显示列设置"对话框，根据需要勾选需要显示的选项即可；同时，也可
以去掉勾选项，隐藏暂时不需要的功能（图 6-23、图 6-24）。

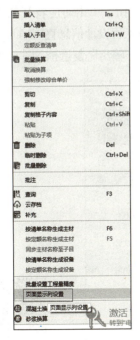

图 6-23　"页面显示列设置"按钮

图 6-24　"页面显示列设置"对话框

单击选择清单"工程量表达式"单元格，再单击"..."按钮，弹出"编辑工程量表达式"对话框，原来工程量为11，现在要增加20，可以利用工程量表达式进行计算，在"11"后面直接输入"+20"，或单击"追加"按钮后"11"后面会有一个追加的工程量代码，直接用"20"代替也可以。单击"确定"按钮，完成工程量的变更（图6-25）。

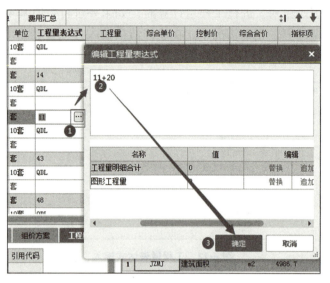

图6-25　工程量表达式编辑

清单工程量输入

三、清单项目特征内容描述

（1）清单项目特征及内容。这里以清单项目030412005001荧光灯具为例进行"清单项目特征及内容描述"。选中该清单项目，单击下方"特征及内容"按钮，单击对应特征值单元格，再单击下拉按钮选择对应特征值，单击"确定"按钮，或者按工程设计信息直接输入特征值，勾选右端对应"输出"复选框，不需要输出时也可以取消勾选"输出"复选框（图6-26）。

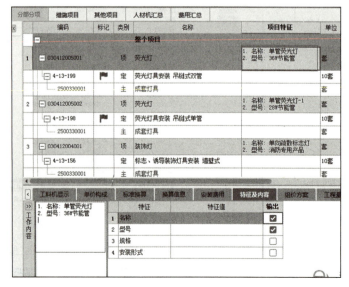

图6-26　清单项目特征及内容

清单项目特征描述

（2）清单项目特征位置调整。单击右侧收缩框按钮，弹出"选项"对话框，在"添加位置"处选择"添加到清单名称列"，单击"应用规则到全部清单"按钮，可以把清单项目特征添加到名称列（图6-27）。

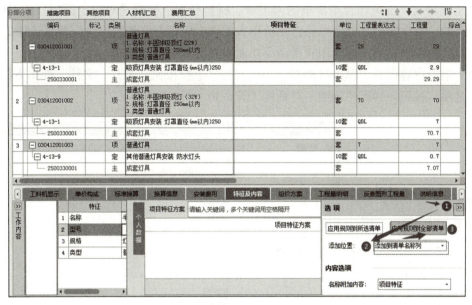

图6-27　项目特征位置调整

四、清单分部分项工程清理

单击"整理清单"下拉按钮，在下拉列表中单击"分部整理"按钮，弹出"分部整理"对话框，勾选"需要章分部标题"复选框，单击"确定"按钮后，软件自动安装清单规范章节隶属关系编排分部分项清单项目，同时增加一行对应的分部工程标题行（图6-28、图6-29）。

图6-28　单击"分部整理"按钮

清单项目整理

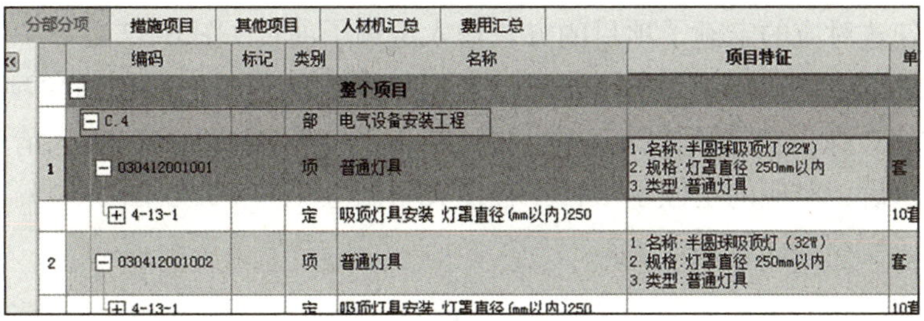

图6-29　分部整理结果

五、清单项目组价

清单综合单价包括人工费、材料费、机械费、管理费、利润和风险费，清单项目组价就是将每个清单项目的综合单价组合出来。前面的清单编制中已经包含了每个清单项目所包含的定额项目，清单综合单价里的人工费、材料费和机械费是对应定额项目的对应费用相加得出的，其他费用是以清单综合单价里人工费、机械费之和乘以对应费率计算出来的。

在输入清单项目后可以利用软件命令功能设置清单项目组价。

（1）组价内容设置。单击软件左上角"文件"下拉按钮，展开"文件"操作下拉列表，单击"选项"按钮，弹出"选项"对话框（图6-30、图6-31）。

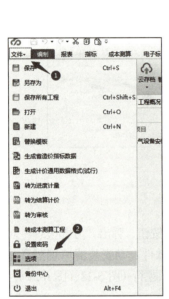

图6-30　单击"选项"按钮　　　　　　　　**图6-31　"选项"对话框**

（2）对应清单定额子目输入。每个清单项目都是由若干个定额子项目组成的，当输入清单项目时，需要把对应的定额子项目关联输入，包括未计价材料，以关联的定额子项目费用为基础进行清单项目组价，定额子项目的输入方式同清单输入方式，包括查询输入、快速查询输入、插入输入及直接定额编号输入等方法。

1）同步输入定额子项目。选择需要输入清单行，利用查询输入方式选择对应清单项目双击或单击"查询"对话框中的"插入清单"按钮输入清单项目，输入清单项目时可以同时通过在右侧勾选对应的定额子项目的方式输入定额子项目（图6-32）。

2）先后输入定额子项目。选择需要输入清单项目行，单击对应清单项目下空白单元格的"…"按钮，弹出"定额选择"对话框，单击对应定额子项目，输入清单定额子项目，输入清单工程量后，对应的定额子项目工程量关联产生（图6-33、图6-34）。

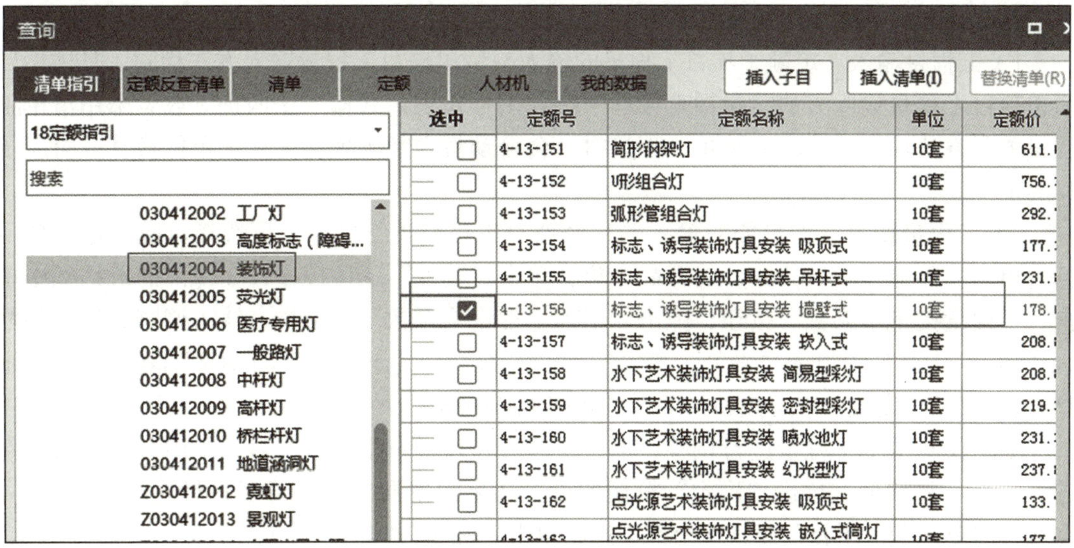

图 6-32 同步组价

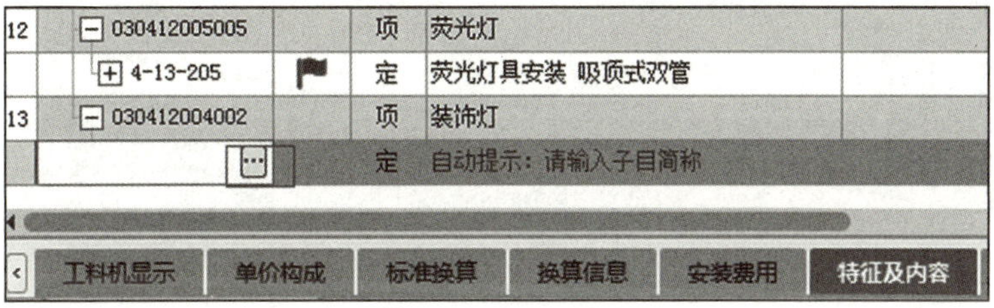

图 6-33 选择命令

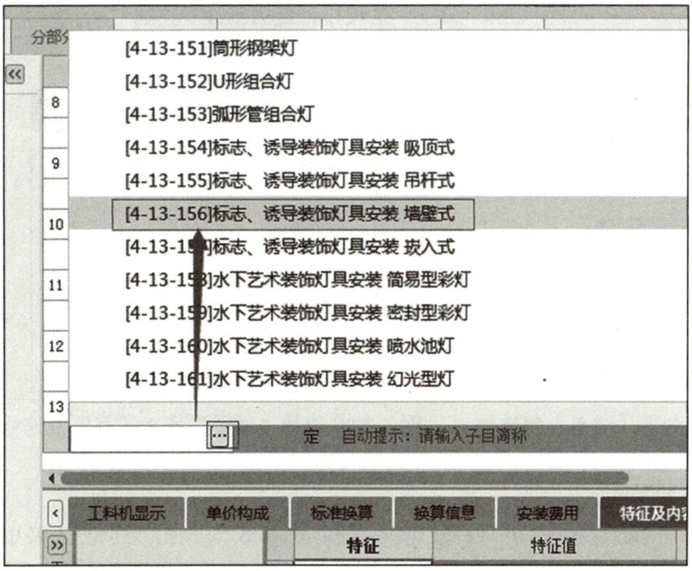

图 6-34 选择项目

（3）定额＋项目工程量输入和调整。

1）工程量输入。定额子项目工程量的输入与清单项目工程量输入方法相同，具体参照清单项目工程量输入方法，包括直接输入法和工程量表达式输入法两种。或者采用清单工程量关联方法输入，即输入清单工程量时，会自动将定额子项目的计量单位换算成对应子目的工程量。

2）工程量调整。如果要对输入的定额项目工程量进行修改，可选择对应的定额项目行，单击"其他"下拉按钮，展开命令集，单击"其他"下拉按钮，在弹出的对话框中单击"工程量批量乘系数"按钮，弹出"工程量批量乘系数"对话框，输入调整系数，如输入"10"，分别取消勾选"清单"和"子目单位为整数的子目不参与调整"复选框，单击"确定"按钮，完成对应定额项目工程量调整（图6-35）。

如果仅对清单工程量进行调整，那么在"工程量批量乘系数"对话框中只需要取消勾选"清单"复选框，单击"确定"按钮即可。如果清单和定额项目工程量同时需要调整，那么"清单"和"子目"复选框全部勾选，单击"确定"按钮即可（图6-36、图6-37）。

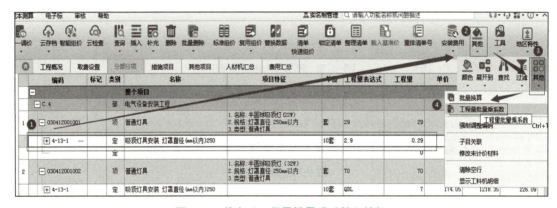

图6-35　单击"工程量批量乘系数"按钮

图6-36　取消勾选"清单"复选框

图6-37　勾选"清单"和"子目"复选框

清单组价和工程量调整

（4）定额的调整换算。

1）批量换算。操作方法同"工程量乘以批量系数"，在"其他"菜单中单击"批量换算"按钮，弹出"批量换算"对话框，可以在该对话框中对选择的定额项目的工料机分别进行整体换算系数的调整（图6-38、图6-39）。

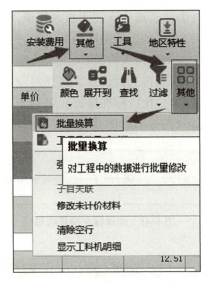

图 6-38 单击"批量换算"按钮

图 6-39 系数设置

2）直接系数换算。选择定额子项目所在行，单击定额子项目编号单元格，在编号后输入"*系数"（如"*1.2"），按 Enter 键或在任意空白处单击完成换算（图 6-40）。

图 6-40 直接输入系数

3）标准换算。标准换算属于软件内置的关联特定定额项目的换算，在输入清单项目时，如果把关联的定额子项目同时输入，确定后会弹出标准换算窗口，根据需要进行设置即可。以耐火桥架安装为例，《浙江省通用安装工程预算额（2018）》第四册规定，耐火桥架安装执行钢制槽式桥架安装，人工和机械乘以系数1.2。查询添加030411003 桥架—4-8-29 钢制槽式桥架（宽＋高 mm）≤ 600 耐火桥架。

标准换算也可以前期取消，后期再进行设置，选择对应定额子项目行，单击下方功能区"标准换算"按钮进行标准换算，执行标准换算后定额子项目类别、名称和单价都会进行相应改变，同时出现红旗标记（图6-41、图6-42）。

13	⊞ 030412004002		项	装饰灯		套	1		1	
14	⊟ 030411003001		项	桥架		m	1		1	
	⊞ 4-8-29	☑	换	钢制槽式桥架(宽+高mm)≤600 耐火桥架		10m	QDL		0.1	630.
	□		定						0	

图6-41 选择标准换算项目

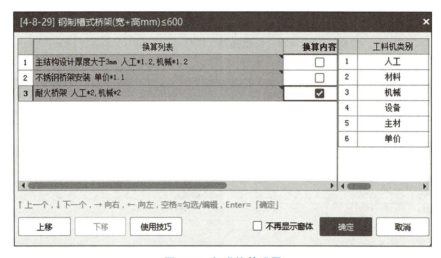

图6-42 标准换算设置

定额的调整与换算

（5）单价构成查询。如果要查询清单综合单价构成内容，可以选择对应清单项目所在行，再单击下方功能区的"单价构成"按钮（图6-43）。

13	⊞ 030412004002		项	装饰灯		套	1
14	⊟ 030411003001		项	桥架		m	1
	⊞ 4-8-29	☑	换	钢制槽式桥架(宽+高mm)≤600 耐火桥架		10m	QDL
			定				

工料机显示 | **单价构成** | 标准换算 | 换算信息 | 安装费用 | 特征及内容 | 组价方案 | 工程量明细 | 反查图形工程量

	序号	费用代号	名称	计算基数	基数说明	费率(%)	单价	合价	费用类别
4	2.2	B2	其中设备费	SBF	设备费		0	0	设备费
5	3	C	机械费	JXF	机械费		28.49	2.85	机械费
6	4	D	管理费	RGF+JXF	人工费+机械费	21.72	128.99	12.9	管理费
7	5	E	利润	RGF+JXF	人工费+机械费	10.4	61.76	6.18	利润
8	6	F	风险费	RGF+JXF	人工费+机械费	0	0	0	风险费
9	7	G	综合单价	A+B+C+D+E+F	人工费+材料费+机械费+管理费+利润+风险费		821.45	82.15	工程造价

图6-43 单击构成查询修改

单价构成

清单综合单价中各项费率可以直接输入修改，也可以双击费率单元格，展开下拉列表进行选择，同时，各项费用计算基数也可以进行修改，对于所有调整修改软件会自动调整关联数据。

任务四　措施项目清单计价

任务描述

完成措施项目清单计价。

任务分析

选择措施项目清单模块→选择措施项目→设置措施项目。

任务目标

掌握措施项目清单内容和编辑方法；了解软件操作流程。

任务实施

措施项目可分为总价措施项目和单价措施项目两类。安装预算中只有总价措施项目，软件内置了部分可供选择的措施项目，通过基数乘以费率得出对应措施费，还有一部分措施项目可以通过输入清单项目进行编制，即技术措施费。

单击"措施项目"按钮，打开功能区的"安装费用"下拉列表，单击"记取安装费用"按钮，弹出"统一设置安装费用"对话框，根据需要选择对应的清单项目，再勾选关联的定额子目，单击"确定"按钮，弹出"确认"对话框，单击"确定"按钮，弹出"成功"提示对话框，软件自动完成对应措施费的计算（图6-44～图6-47）。

图6-44　单击"记取安装费用"按钮

措施费其他
项目费

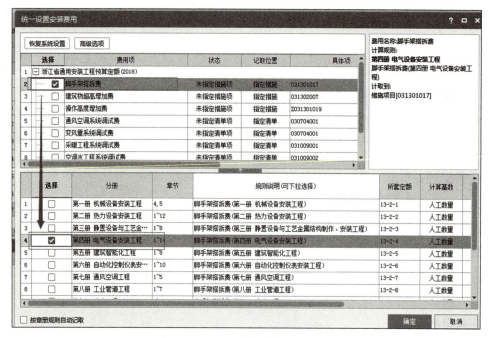

图 6-45　选择对应项目

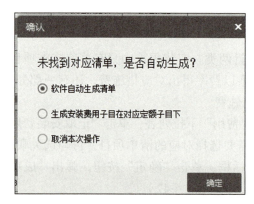

图 6-46　"确认"对话框

图 6-47　确定费用生成

任务五　其他项目清单计价

任务描述

完成其他项目清单计价。

任务分析

选择其他项目清单模块→选择其他项目→设置其他项目。

任务目标

掌握其他项目清单内容和编辑方法；了解软件操作流程。

任务实施

其他项目清单包括暂列金额、暂估价、计日工和总承包服务费。单击功能区的"其他项目"按钮，显示"其他项目"界面，可以根据工程实际需要进行编辑设置（图 6-48）。

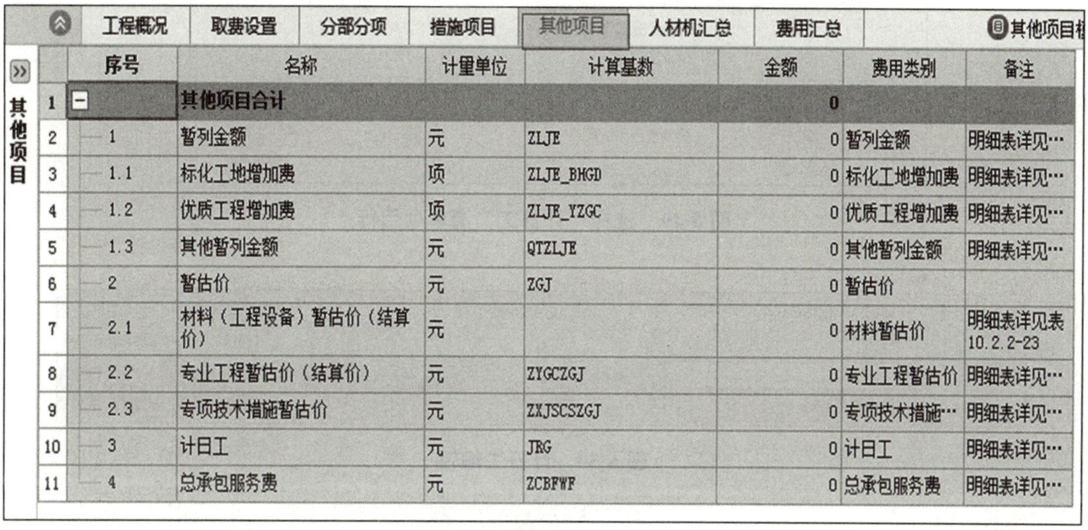

	序号	名称	计量单位	计算基数	金额	费用类别	备注
1	−	**其他项目合计**			**0**		
2	1	暂列金额	元	ZLJE	0	暂列金额	明细表详见…
3	1.1	标化工地增加费	项	ZLJE_BHGD	0	标化工地增加费	明细表详见…
4	1.2	优质工程增加费	项	ZLJE_YZGC	0	优质工程增加费	明细表详见…
5	1.3	其他暂列金额	元	QTZLJE	0	其他暂列金额	明细表详见…
6	2	暂估价	元	ZGJ	0	暂估价	
7	2.1	材料（工程设备）暂估价（结算价）	元		0	材料暂估价	明细表详见表10.2.2-23
8	2.2	专业工程暂估价（结算价）	元	ZYGCZGJ	0	专业工程暂估价	明细表详见…
9	2.3	专项技术措施暂估价	元	ZXJSCSZGJ	0	专项技术措施…	明细表详见…
10	3	计日工	元	JRG	0	计日工	明细表详见…
11	4	总承包服务费	元	ZCBFWF	0	总承包服务费	明细表详见…

左侧标签：工程概况　取费设置　分部分项　措施项目　其他项目　人材机汇总　费用汇总　其他项目

左侧竖排：其他项目

图 6-48 "其他项目"界面

一、暂列金额

暂列金额包括标化工地增加费、优质工程增加费和其他暂列金额，可以根据工程实际费用列项，选择对应清单费用项目行，直接在"金额"单元格中输入即可。

二、暂估价

暂估价包括材料（工程设备）暂估价（结算价）、专业工程暂估价（结算价）和专业技术措施暂估价，同样可以根据工程实际费用列项，选择对应清单费用项目行，直接在"金额"单元格中输入即可。

三、计日工

选择"计日工"清单项目行，单击鼠标右键，在快捷菜单中选择"插入费用行"选项，根据工程实际信息编辑输入即可（图 6-49、图 6-50）。

此外，还有总承包服务费，操作同计日工，不再赘述。

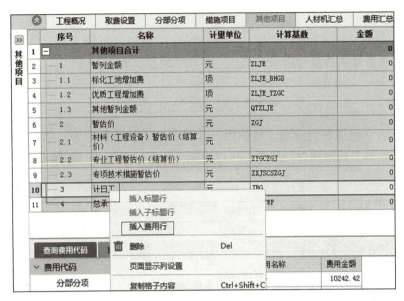

图 6-49 选择"计日工"清单项目行

序号		名称	计量单位	计算基数	金额		
9	2.3	专项技术措施暂估价	元	ZXJSCSZGJ	0	专项技术措施…	明细表详见…
10	3	计日工	元	JRG	0	计日工	明细表详见…
11					0	普通费用	
12	4	总承包服务费	元	ZCBFWF	0	总承包服务…	明细表详见…

图 6-50 计日工编辑

任务六　人材机汇总

 **任务描述**

人材机内容调整。

 任务分析

选择人材机内容模块→编辑调整对应费用内容→完成人材机内容调整。

任务目标

掌握人材机内容和编辑方法；了解软件操作流程。

任务实施

单击功能区的"人材机汇总"按钮，弹出"人材机汇总"界面，可以根据需要对所有人材机信息进行编辑调整。

一、人工费

在“人材机汇总”界面左侧，选择“人工表”项目，在人工汇总信息中直接选择对应人工除税或含税市场价单元格，输入价格数据即可，上调价格的字体变成红色，下调价格的字体变成绿色（图 6-51、图 6-52）。

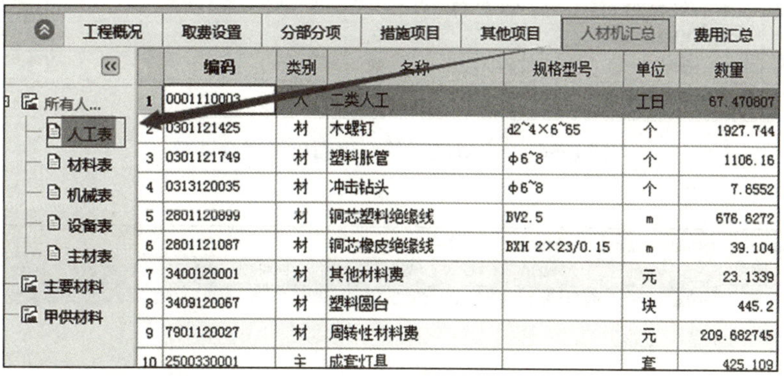

	编码	类别	名称	规格型号	单位	数量
1	0001110003	人	二类人工		工日	67.470807
2	0301121425	材	木螺钉	d2~4×6~65	个	1927.744
3	0301121749	材	塑料胀管	φ6~8	个	1106.16
4	0313120035	材	冲击钻头	φ6~8	个	7.6552
5	2801120899	材	铜芯塑料绝缘线	BV2.5	m	676.6272
6	2801121087	材	铜芯橡皮绝缘线	BXH 2×23/0.15	m	39.104
7	3400120001	材	其他材料费		元	23.1339
8	3409120067	材	塑料圆台		块	445.2
9	7901120027	材	周转性材料费		元	209.682745
10	2500330001	主	成套灯具		套	425.109

图 6-51 选择人工表

	编码	类别	名称	规格型号	单位	数量	定额价	除税市场价	含税市场价
1	0001110003	人	二类人工		工日	67.470807	135	150	150

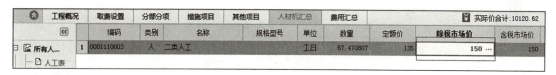

图 6-52 人工单价调整结果

二、材料费

（1）价格调整。材料费调整方法类似人工费调整，选择“人材机汇总”界面中的“材料表”项目，单击打开整个项目材料汇总信息，直接选择对应材料价格的单元格，输入需要的价格即可，上调价格的字体变成红色，下调价格的字体变成绿色，税率也可以调整，但是字体不会变色（图 6-53）。

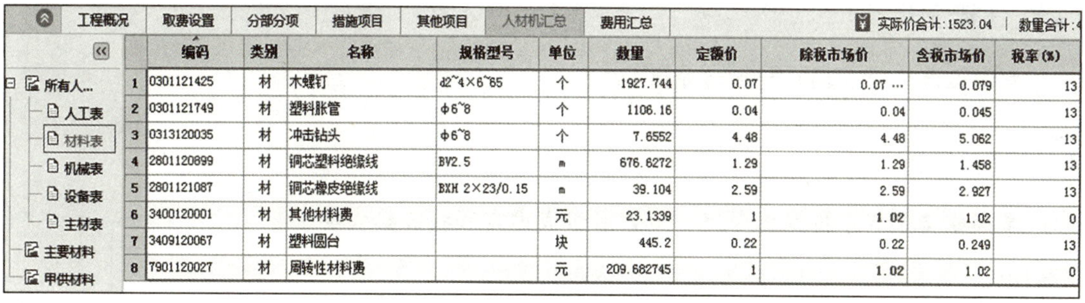

	编码	类别	名称	规格型号	单位	数量	定额价	除税市场价	含税市场价	税率(%)
1	0301121425	材	木螺钉	d2~4×6~65	个	1927.744	0.07	0.07	0.079	13
2	0301121749	材	塑料胀管	φ6~8	个	1106.16	0.04	0.04	0.045	13
3	0313120035	材	冲击钻头	φ6~8	个	7.6552	4.48	4.48	5.062	13
4	2801120899	材	铜芯塑料绝缘线	BV2.5	m	676.6272	1.29	1.29	1.458	13
5	2801121087	材	铜芯橡皮绝缘线	BXH 2×23/0.15	m	39.104	2.59	2.59	2.927	13
6	3400120001	材	其他材料费		元	23.1339	1	1.02	1.02	0
7	3409120067	材	塑料圆台		块	445.2	0.22	0.22	0.249	13
8	7901120027	材	周转性材料费		元	209.682745	1	1.02	1.02	0

图 6-53 直接调整材料价格

（2）供货方式与主材的调整。按住可编辑内容移动条向左移动，可以在对应“甲供材料”列、“主要材料”列和“暂定材料”列对相应材料进行工程信息编辑设置。设置完成后，可以在导航栏中单击"主要材料"和"甲供材料"按钮进行查看（图6-54、图6-55）。

图 6-54　"人材机汇总"界面材料属性调整

图 6-55　导航栏中"甲供材料"查询

任务七　文件报表编辑和导出

人材机汇总

任务描述

完成费用汇总和报表的编辑导出。

任务分析

费用汇总→报表编辑→报表导出。

任务目标

掌握安装工程造价费用内容、预算书组成内容和报表格式要求。

任务实施

一、费用汇总

单击功能区的"费用汇总"按钮，弹出"费用汇总"对话框，可以进行总体类别费用的查询核实（图 6-56）。

	序号	费用代号	名称	计算基数	基数说明	费率(%)	金额	费用类别
1	⊟ 1	F1	分部分项工程费	FBFXHJ	分部分项合计		9,909.99	分部分项工程费
2	1.1	F2	其中：人工费+机械费	FBFX_RGF+FBFX_JXF	分部分项人工费+分部分项机械费		6,509.11	
3	⊟ 2	F3	措施项目费	CSXMHJ	措施项目合计		4,028.41	措施项目费
4	⊟ 2.1	F4	施工技术措施项目	JSCSF	技术措施合计		3,273.04	技术措施费
5	2.1.1	F5	其中：人工费+机械费	JSCS_RGF+JSCS_JXF	技术措施人工费+技术措施机械费		2,315.43	
6	⊞ 2.2	F6	施工组织措施项目	ZZCSF	组织措施合计		755.37	组织措施费
8	⊞ 3	F8	其他项目费	QTXMHJ	其他项目合计		0.00	其他项目费
21	4	F21	规费	FBFX_RGF+FBFX_JXF+JSCS_RGF+JSCS_JXF	分部分项人工费+分部分项机械费+技术措施人工费+技术措施机械费	30.63	2,702.96	规费
22	5	F22	增值税	F1+F3+F8+F21	分部分项工程费+措施项目费+其他项目费+规费	9	1,497.72	税金
23	6	F23	工程造价	F1+F3+F8+F21+F22	分部分项工程费+措施项目费+其他项目费+规费+增值税		18,139.08	工程造价

图 6-56　费用汇总信息查询

二、文件报表编辑

在菜单栏中单击"报表"按钮，打开报表界面（图 6-57）。

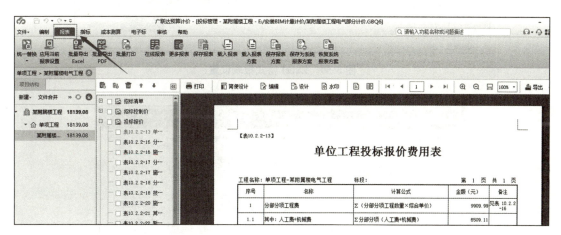

图 6-57　报表查询

（1）选择报表。可以根据需要批量导出 Excel 或 PDF 格式报表，可以对导出的 Excel 格式的不同名称的报表进行选择和导出格式设置，同样对于 PDF 格式的不同名称的报表也可以进行设置（图 6-58 ～图 6-60）。

图 6-58　报表选择

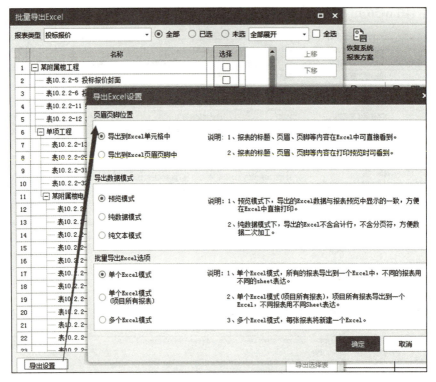

图 6-59　Excel 格式报表设置

图 6-60　报表输出选择

（2）报表设计。单击鼠标右键，在快捷菜单中选择"简便设计"选项，或在界面上部功能区单击"简便设计"按钮，弹出"简便设计"对话框，在该对话框中可对报表格式和打印要求进行设计（图6-61、图6-62）。

图6-61 选择"简便设计"选项

图6-62 "简便设计"对话框

在任一报表界面中（也可以单击鼠标右键）单击"设计"按钮（图6-63），可以对导出报表的结构进行设计。如要去掉"备注"列，可在"报表设计器"中选择备注，单击鼠标右键选择"删除"选项，导出的对应报表中就不会出现"备注"列。实际中，可以根据需要进行编辑调整（图6-64、图6-65）。

图6-63 执行"设计"命令

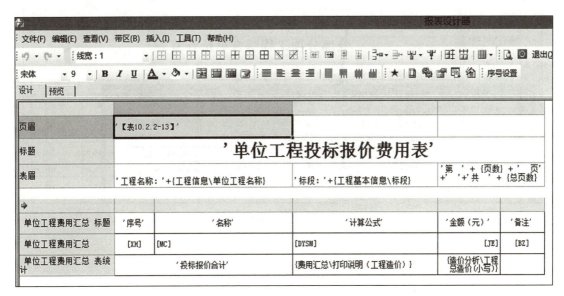

图6-64 打开"报表设计器"

图 6-65　报表内容调整

（3）报表修改和保存。单击功能区的"编辑"按钮，可以对当前报表内容进行修改，可以根据工程实际需求进行修改。报表修改完成后，可以导出为 Excel 或 PDF 格式文件进行保存，最后整理装订成完整的投标预算书（图 6-66）。

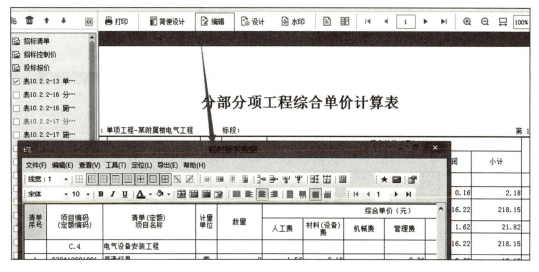

图 6-66　报表修改

 任务考核评价

任务考核采用随堂课程分级考核和课后开放课程网上综合测试考核相结合的方式。

随堂课程分级考核可以采用课堂讨论、问答和针对必要任务进行实战演练方式进行，需要教师根据课堂内容及学生理解、掌握知识的程度设置分层分级知识点问题和考核任务。

网上综合测试考核需要建立题库，实现随机组卷，学生自主安排测试时间（教师可以设定测试期限和决定是否允许学生延迟或反复测试），题型比较灵活。

综合实训

打开链接 https：//kdocs.cn/l/ciu1dJq30NBE 或扫描二维码，下载电子清单项目表格，导入广联达擎洲云计价平台 GCCP6.0 软件中进行投标项目计价，编制对应预算书，采用一般计税方法，浙江省最新清单计价规范和最新定额等计价文件、规范进行计价，主材采用市场价，无甲供材料和指定材料。

实训目的：通过该实训内容进一步熟悉软件计价操作流程和方法，掌握清单编制方法、定额换算和费用价格调整方法、报表的编辑和导出方法。

实训准备：了解安装工程清单计价预算费用组成和预算书的格式内容要求，熟悉安装工程清单计价流程、计价软件操作方法和注意事项。

实训内容和步骤：工程计价关键信息提取 → 打开软件新建投标项目 → 导入外部清单 → 识别更正清单项目 → 进行分部分项清单项目计价 → 进行措施项目清单计价 → 其他项目清单计价 → 调整价格和费用 → 编辑和导出文件报表。

电子清单项目
表格

同步测试

一、判断题

1. 套清单做法可以在算量软件中进行，也可以在计价软件中进行。　　（　　）
2. 取费设置只能在新建工程项目时进行。　　（　　）
3. 软件中最小单位投标项目是分部工程。　　（　　）
4. 定额清单项目编码来源于清单计价规范。　　（　　）
5. 分部分项清单项目可以通过输入前四位编码的形式进行简码输入。　（　　）
6. 清单分部整理可以按照章节分部标题进行整理。　　（　　）
7. 清单项目组价可以在输入清单项目的同时进行，也可以输入清单项目后进行。（　　）
8. 所有定额系数换算形式可以在软件中自动选择。　　（　　）
9. 主材属性类型在人材机模块中设置。　　（　　）
10. 在软件措施费中可以进行技术措施费选择。　　（　　）

二、单项选择题

1. 打开广联达擎洲云计价平台 GCCP6.0 软件后，在拿到施工图后、中标前进行预算书的编制时应该选择（　　　）。

    A. 新建预算　　　　B. 新建概算　　　　C. 新建结算　　　　D. 新建决算

2.广联达擎洲云计价平台GCCP6.0软件采用浙江省2013清单投标一般计税方法时，下列说法不正确的是（　　　）。

　　　A.采用浙江省2018定额投标模板　　　　B.采用2013清单综合单价模式

　　　C.人工、机械均按市场价计入取费基数　D.采用浙江省2010定额投标模板

3.在广联达擎洲云计价平台GCCP6.0软件中进行单位工程计价预算时，关于项目结构中所含项目说法正确的是（　　　）。

　　　A.分部工程　　　B.单项工程　　　C.单项工程、单位工程　　　D.单位工程

4.广联达擎洲云计价平台GCCP6.0软件中项目招标控制价包括（　　　）。

　　　A.分部分项工程费、措施项目费、其他项目费、规费和增值税

　　　B.分部分项工程费、措施项目费、其他项目费、规费和营业税

　　　C.分部分项工程费、措施项目费、规费和增值税

　　　D.分部分项工程费、措施项目费、企业管理费、规费和税金

5.广联达擎洲云计价平台GCCP6.0软件中完整的其他项目费包括（　　　）。

　　　A.暂列金额、暂估价、计日工

　　　B.暂列金额、暂估价、总承包服务费

　　　C.暂列金额、暂估价、计日工、总承包服务费

　　　D.暂列金额、专业工程暂估价、计日工、总承包服务费

6.可以直接导入广联达擎洲云计价平台GCCP6.0软件的项目包括（　　　）。

　　　A.组织措施项目　　　B.其他项目　　　C.分部分项工程项目　D.规费项目

7.导入清单项目后要对清单项目进行编辑，必须首先（　　　）。

　　　A.整理清单项目　　　　　　　　　　B.解除清单锁定

　　　C.清单项目组价　　　　　　　　　　D.记取安装费用设置

8.在广联达擎洲云计价平台GCCP6.0软件中，输入分部分项清单项目可以采取的方法不包括（　　　）。

　　　A.快速查询　　　B.查询清单指引　　　C.自动套清单　　　D.查询清单

9.单位工程分部分项清单输入界面项目列可以通过（　　　）功能命令进行设置。

　　　A.插入　　　B.补充　　　C.查询　　　D.页面显示列设置

10.清单综合单价可以通过（　　　）进行直接修改。

　·　A.直接删除原单价，输入新单价　　　B.强制修改综合单价

　　　C.直接修改单价构成　　　　　　　　D.重新导入组价

11.脚手架搭拆费可以通过（　　　）进行设置。

　　　A.费用汇总　　　B.措施项目　　　C.分部分项　　　D.记取安装费用

12.清单综合单价组成的管理费费率可以通过（　　　）进行直接修改。

　　　A.费用汇总　　　B.选定清单项目　　　C.单价构成和取费设置　　　D.组价方案

13.总价过高时，可以通过统一调价功能命令进行调整，广联达擎洲云计价平台GCCP6.0软件内置的调整方式包括（　　　）。

　　　A.人材机单价和人材机含量　　　　　B.人材机单价

　　　C.人材机含量　　　　　　　　　　　D.费率调整

14. 下面不属于"编制"选项卡下"其他"面板中"其他"命令功能选项的是（　　）。

　　A. 批量换算　　　　B. 查找　　　　　　C. 工程量批量乘系数　D. 强制调整编码

15. 广联达擎洲云计价平台 GCCP6.0 软件内置的换算方法不包括（　　）。

　　A. 批量换算　　　　　　　　　　　　B. 定额编号直接乘系数

　　C. 定额工程量直接乘以系数　　　　　D. 标准换算

16. "甲供材料"所属的"页面显示列设置"命令对应计价界面中的（　　）。

　　A. 分部分项　　　B. 人材机汇总　　　C. 措施项目　　　　D. 其他项目

三、简答题

1. 广联达擎洲云计价平台 GCCP6.0 软件如何进行定额工程量清单计价设置？

2. 广联达擎洲云计价平台 GCCP6.0 软件如何利用广联达 BIM 安装计量 GQI2021 软件的工程量计算结果？

3. 广联达擎洲云计价平台 GCCP6.0 软件能执行清单和定额的套用吗？如果能，如何进行组价？

4. 如何修改计价软件中的报表内容？算量软件中的报表内容可以用同样的方法修改吗？

5. 计价软件中实行了标准换算的项目、有换算内容但实际没有换算的项目和没有换算内容的项目的标记有什么不同？

 案例分析

　　本案例主要进行电气部分清单计价，根据项目二中电气照明工程建模算量结果导入外部清单项目。

一、工程设计主要信息

　　附属楼工程地上 3 层，主体高度为 11.7 m。建筑面积为 4 986.7 m²。电气部分设计说明如下。

　　1. 照明配电

　　照明插座采用不同回路供电，配电线路均采用 BV-450/750 型铜芯导线，插座回路为 WDZA BYJ2×2.5+PE2.5 导线，穿 JDG 管沿桥架安装或墙面暗敷；照明回路为 WDZA BYJ2×2.5+PE 2.5 JDG20 导线，穿 JDG 管沿桥架安装或顶板暗敷；消防应急疏散照明采用 WDZAN BYJ3×2.5+PE2.5 导线，穿 JDG 管沿墙或顶板暗敷，Ⅰ类灯具设接地线。所有插座回路（壁挂式空调插座除外）均设剩余电流断路器保护。

　　2. 电缆、导线敷设

　　（1）从附属楼专变低压柜至强电井动力柜的消防干线采用 WDZAN YJY 电力电缆，非干线采用 WDZA YJY 电力电缆，电缆沿桥架敷设。由动力配电箱至各用电设备采用桥架敷设且均采用低烟无卤型普通电缆，应急电源主、备电缆在桥架内采取隔离措施。主干线若不敷设在桥架上，应穿热镀锌钢管（SC）敷设。

　　（2）应急照明支线穿 JDG 管暗敷在楼板或墙内或吊顶内，由顶板接线盒至吊顶灯具穿耐火波纹管，普通照明支线穿 JDG 管暗敷在楼板或吊顶内。

（3）PE 线必须用绿 / 黄导线或标识。

（4）平面图中所有回路均按回路单独穿管，不同支路不应共管敷设。各回路 N.PE 线均从箱内引出。

（5）室外穿管线路埋深不小于 0.7 m，进户处不小于 0.3 m。

3. 防雷接地

（1）防雷。

1）接闪器：在屋顶采用 $\phi12$ 热镀锌圆钢明敷组成不大于 10×10 m 或 12×8 m 的接闪带。接闪带应设置在外墙外表面或屋檐边垂直面上。

2）引下线：利用建筑物钢筋混凝土柱子或剪力墙内两根 $\phi16$ 以上主筋通长连接作为引下线，引下线间距不大于 18 m。所有外墙引下线在室外地面下 1 m 处引出一根 40×4 热镀锌扁钢，扁钢伸出室外，与外墙皮的距离不小于 1.5 m。

3）接地网：接地极为建筑物桩基、基础底板轴线上的上下两层主筋中的各两根通长焊接形成的基础接地网。

4）引下线上端与接闪带焊接，下端与接地极焊接。外墙引下线在室外地面上 0.5 m 处设置测试卡子。

（2）接地。

1）在基础内设 40×4 镀锌扁钢并与桩基及条形基础内两根主筋焊接成电气通路，组成总等电位联结线。本工程低压配电系统的接地形式采用 TN-C-S 制，在幼儿园专变内设置总等电位联结箱（MEB）。由配电房低压进线柜开始 N 与 PE 线严格分开。在建筑物的地下室或地面层处，下列物体与防雷装置做防雷等电位联结：建筑物金属体；金属装置；建筑物内系统；进出建筑物的金属管线；建筑物内金属桥架采用 40×4 热镀锌扁钢不小于两处与接地干线可靠焊接，且沿桥架通长敷设一根 40×4 热镀锌扁钢与桥架支架及桥架可靠连接。总等电位联结箱与钢筋混凝土基础等可靠联结。总等电位联结线采用 BVR-25 mm 导线穿 PC32 钢管。有洗浴设施的卫生间设置辅等电位联结（LEB）应把所有能同时触及的电气设备外壳可导电部分，各种金属管、楼板钢筋及所有保护线连接。接地装置的施工及做法参照国家建筑标准图集《接地装置安装》（03D501-4）、《等电位联结安装》（02D501-2）。

2）电气线路保护及敷设说明：JDG 穿 JDG 管配线；SC 镀锌钢管配线；PC 穿阻燃聚氯乙烯管敷设；WC 在墙体内暗敷；FC 在楼板内敷设；CT 在桥架内敷设；CC 暗敷设在屋面或顶板内；WS 沿墙体明敷

案例完整 CAD 图纸可以通过链接 https://kdocs.cn/l/coPuCZnC9uOk 或扫描二维码查看和下载。

二、计价分析要点

（1）图纸中关键信息是清单项目名称、项目特征、内容和安装要求的描述，可以结合清单计价规范和图纸设计说明进行提取。

（2）清单工程量数据直接使用建模算量结果即可。

（3）清单组价需要结合清单项目内容和定额项目划分进行确定。

某附属楼工程
电气图

（4）费率设置符合当地费用定额要求即可。

（5）清单计价费用内容要符合清单计价费用组成要求即可。

（6）价格调整根据市场价进行调整，定额换算根据定额规定进行。

三、软件操作

本部分涉及计价软件命令操作方法和步骤均已经在对应任务执行时进行了详细的分析说明，所以此处不再赘述。

参考文献

［1］中华人民共和国住房和城乡建设部．GB 50500—2013 建设工程工程量清单计价规范［S］．北京：中国计划出版社，2013.

［2］中华人民共和国住房和城乡建设部．GB 50586—2013 通用安装工程工程量清单计价规范［S］．北京：中国计划出版社，2013.

［3］蔡临申．浙江省通用安装工程预算定额（2018 版）［M］．北京：中国计划出版社，2018.

［4］汪亚峰．浙江省建设工程计价规则（2018 版）［M］．北京：中国计划出版社，2018.

［5］苗月季．建设工程计量与计价实务：安装工程［M］．北京：中国计划出版社，2019.

［6］熊德敏，陈旭平．安装工程计价［M］．北京：高等教育出版社，2011.

［7］朱溢镕，吕春兰，温艳芳．安装工程 BIM 造价应用［M］．北京：化学工业出版社，2022.

［8］郭卫琳，黄奕沄，张宇，等．建筑设备［M］．北京：机械工业出版社，2010.

［9］中华人民共和国住房和城乡建设部．建筑电气工程设计常用图形和文字符合：23DX001［S］．北京：中国计划出版社，2009.

［10］刘钦．建筑安装工程预算［M］．北京：机械工业出版社，2011.

［11］朱溢镕，吕春兰，樊磊．BIM 算量一图一练：安装工程［M］．北京：化学工业出版社，2017.